焊工入门与提高

熔化极气体保护焊

主　编　高忠民

金盾出版社

内 容 提 要

全书分为两部分,第一部分为熔化极气体保护焊焊接基础知识,第二部分为熔化极气体保护焊焊接操作技能。每部分又分为入门篇和提高篇。入门篇的内容主要是初级焊工所需要掌握的基础知识和操作技能,提高篇的内容主要是中级焊工所需要掌握的基础知识和操作技能。基础知识部分讲述了熔化极二氧化碳气体保护焊、熔化极氩弧焊焊接基础知识,操作技能部分讲述了熔化极二氧化碳气体保护焊、熔化极氩弧焊焊接基本技术,并结合国家职业技能鉴定的实际操作考题,分别对初、中级焊工应会的操作技能作了详细叙述。

本书适用于焊工自学和培训,也可作为职业院校相关专业的教学参考用书。

图书在版编目(CIP)数据

焊工入门与提高:熔化极气体保护焊/高忠民主编.—北京:金盾出版社,2013.2
(2014.2 重印)
 ISBN 978-7-5082-7937-4

Ⅰ.①焊… Ⅱ.①高… Ⅲ.①气体保护焊—基本知识 Ⅳ.①TG4

中国版本图书馆 CIP 数据核字(2012)第 255256 号

金盾出版社出版、总发行
北京太平路 5 号(地铁万寿路站往南)
邮政编码:100036 电话:68214039 83219215
传真:68276683 网址:www.jdcbs.cn
封面印刷:北京精美彩色印刷有限公司
正文印刷:北京万友印刷有限公司
装订:北京万友印刷有限公司
各地新华书店经销
开本:705×1000 1/16 印张:13.5 字数:255 千字
2014 年 2 月第 1 版第 2 次印刷
印数:5 001~8 000 册 定价:34.00 元

前　言

　　焊接技术广泛应用于机械制造、建筑及其他行业。大多数建筑、能源、化工、航天、海洋等工程都无法离开焊接技术。焊接作业无论在工程量、质量还是在技术先进性方面，对经济建设起到越来越重要的作用。焊工技术的进步是科技成果转化为生产力的关键环节，是经济发展的重要基础。

　　在焊工从业人员中推行职业技能鉴定和职业资格证书制度，是落实国家人才发展战略目标、促进农村劳动力转移、全面推进科技振兴计划和高技能人才培养的重要工程。严格按照焊工国家职业技能鉴定标准对焊工进行焊接理论知识考核和操作技能鉴定，是保证工程质量和生产安全的重要措施。

　　熔化极气体保护焊焊接技术是应用最广泛的焊接技术，也是焊接技术的重要组成部分。作为焊工入门与提高必读的《熔化极气体保护焊》，是为未取得初级焊工证书的初学者和尚未取得中级焊工证书的焊工而编写。本书突出实用性，使读者能够较快地掌握焊接理论知识的重点和技能鉴定的实际操作技术。本书依据国家人力资源和社会保障部制定的《焊工国家职业技能标准（2009 年修订）》，分入门篇（初级工）和提高篇（中级工）进行编写，内容完整、系统、科学，具有很强的针对性，并附有焊工技能鉴定标准和模拟试卷，使读者能顺利的通过焊接理论知识考核和操作技能鉴定。

　　本书由高忠民主编，参加编写的人员还有吴玲、刘硕、高文君、刘雪涛。由于编者水平所限，本书难免存在不足之处，恳请读者和专家批评指正。

编　者

目 录

第一部分 焊接基础知识部分

〔入 门 篇〕

第二部分 焊接操作技能部分

〔入 门 篇〕

〔提 高 篇〕

第一部分　焊接基础知识部分

〔入　门　篇〕

第一章　二氧化碳气体保护焊基础知识(初级工)

第一节　二氧化碳气体保护焊基本原理

一、二氧化碳气体保护焊焊接方法及其分类

用外加气体作为电弧介质并保护电弧和焊接区的电弧焊，称为气体保护电弧焊，或简称气体保护焊。二氧化碳气体保护焊是用 CO_2 作为保护气体的气体保护电弧焊，简称 CO_2 焊，是一种熔化极气体保护焊的焊接方法。

二氧化碳气体保护焊是活性气体保护焊。CO_2 气体在高温下分解成一氧化碳（CO）和氧气（O_2）。温度越高时，CO_2 的分解率越高，放出的 CO 和 O_2 就越多。由于 CO 和 O_2 会使铁和其他合金元素氧化，所以在进行二氧化碳气体保护焊时，必须采取防止母材和焊丝中的合金元素被烧损的措施。

CO_2 焊按所用焊丝直径不同分为：细丝 CO_2 焊（$\phi \leqslant 1.2mm$）和粗丝 CO_2 焊（$\phi \geqslant 1.6mm$）。由于细丝 CO_2 焊的工艺比较成熟，因此应用最为广泛。

CO_2 焊按所用焊丝的形态不同分为：实心焊丝 CO_2 焊和药芯焊丝 CO_2 焊。

CO_2 焊按所用焊机的机械化程度不同分为：自动 CO_2 焊（焊枪移动由机械完成）和半自动 CO_2 焊（焊枪移动由焊工操作完成）。

焊接时使用 CO_2 气体和其他气体混合作为保护气体的称为混合气体保护焊（MAG 焊）。如 $CO_2 + Ar$（氩气）混合气体保护焊和 $CO_2 + Ar + O_2$ 混合气体保护焊。

二、二氧化碳气体保护焊基本原理

二氧化碳气体保护焊基本原理如图 1-1 所示。保护气体 CO_2 从供气系统出来，经管路进入枪体，从喷嘴喷出，形成一个连续而稳定的 CO_2 保护气罩，笼罩着从喷嘴到焊件这一段空间，将此空间的空气排走，从而保护着气罩内的焊丝、熔滴、电弧、熔池和刚刚凝固而成的焊缝。

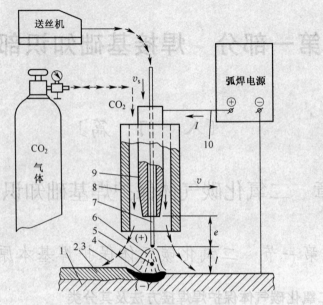

图 1-1 CO₂ 焊的基本原理

1. 母材 2. 焊缝 3. CO₂ 气流 4. 熔池 5. 熔滴 6. 电弧
7. 焊丝 8. 喷嘴 9. 导电嘴 10. 焊接电缆

l—弧长 e—焊丝伸出长 v—焊接速度 v_s—焊丝送丝速度

CO_2 焊焊接时,直流弧焊电源的正极输出端电缆线接在焊枪的导电嘴上,使焊丝末端成为电弧的正极;直流弧焊电源的负极输出端由电缆线接在焊件(母材)上,使熔池成为电弧的负极。

CO_2 焊焊接时,焊丝从送丝机中被送丝辊轮挤压着送入导电嘴,带电之后向电弧输送,焊丝不断地被电弧熔化,又不断地得到补充,从而使电弧长度保持相对稳定。焊丝不断地熔化成熔滴,落入熔池,凝固成焊缝。

三、二氧化碳气体保护焊特点

1. CO₂ 焊的优点

(1)生产效率高 CO_2 焊的焊丝直径小,电流密度大,电弧穿透能力强,熔深大而且焊丝的熔化效率高,因此熔敷速度快,其生产效率是焊条电弧焊的 2～4 倍。

(2)焊接变形小 CO_2 焊的热量集中,产生的焊接变形小,适合于薄板结构的焊接。

(3)能耗少 CO_2 焊和焊条电弧焊相比,厚度为 3mm 的低碳钢板对接焊缝,每米焊缝消耗的电能,前者为后者的 70% 左右;厚度为 25mm 的低碳钢板对接焊缝,每米焊缝消耗的电能,前者为后者的 40% 左右。CO_2 焊是较好的节能焊接方法。

(4)适用范围广　CO_2 焊可以进行全位置焊接,且焊件的厚度不受限制,最小可达 1mm。并且在薄板焊接时,焊接速度比利用可燃气体作为热源的气焊快,焊接变形也比气焊小。

(5)焊接质量高　CO_2 焊焊缝含氢量低,抗裂性好,是一种低氢焊接方法。

(6)机动灵活操作简便　CO_2 焊可以自动送丝并具有焊条电弧焊的机动性;又是明弧,便于监视和控制,有利于实现焊接过程的机械化;焊接后也不需要清渣;采用药芯焊丝 CO_2 焊时,焊缝的外形美观,外观质量高。

(7)焊接综合成本低　CO_2 气体是酿造厂和化工厂的副产品,气体来源广泛,价格低。

2. CO_2 焊存在的技术问题

由于二氧化碳气体在高温下分解成一氧化碳并放出氧气,所以 CO_2 焊实际上就是在 CO_2+CO+O_2 的混合气体中进行焊接。CO_2 焊存在的技术问题包括合金元素烧损、一氧化碳气孔、飞溅严重。

(1)合金元素烧损　在电弧区内,焊丝末端、熔滴和熔池的合金元素 Si(硅)和 Mn(锰)被高温氧化,使焊缝金属损失了合金元素,降低了机械性能。因此,CO_2 焊必须选用 Si 和 Mn 含量较高的焊丝,即 CO_2 焊焊接专用焊丝(如 H08Mn2SiA)进行焊接。这样焊缝金属中被烧损的 Si 和 Mn 元素得到补偿,使焊缝的机械性能不会降低。

(2)一氧化碳气孔　CO 不溶于金属溶液,也不与金属发生反应。熔池处在凝固结晶时,CO 不能逸出,从而使焊缝产生气孔。产生一氧化碳气孔的主要原因是焊丝中脱氧元素不足,使熔池中溶入了过多的氧化亚铁(FeO),FeO 和 C(碳)发生强烈的还原反应,产生 CO 气体。因此只要焊丝中含有足够的脱氧元素 Si 和 Mn,以及限制焊丝中的 C 含量,就能够有效地防止一氧化碳气孔的产生。

(3)飞溅严重　熔池在液态时,CO 气体从熔液中逸出,会产生飞溅。熔滴因 CO 逸出而爆破,飞溅更大,使得用普通焊丝进行 CO_2 焊焊接时,金属飞溅相当严重。

应该指出,CO_2 焊的金属飞溅问题用脱氧焊丝能够得到控制,但并不能根除。金属飞溅是 CO_2 焊的固有特点,也是 CO_2 焊的最主要的缺点。另外,CO_2 焊为明弧操作,一方面在操作中便于观察电弧,另一方面由于弧光强烈,操作者要加强焊接防护。

四、二氧化碳气体保护焊应用

CO_2 焊主要用于焊接低碳钢和低合金钢等黑色金属,也用于不锈钢的焊接、铸件的补焊、耐磨件的堆焊等。

目前,CO_2 焊技术已经提高到一个新的水平,在我国造船、机车制造、桥梁制造、工程机械制造、农业机械制造等部门获得了日益广泛的应用。

第二节　二氧化碳气体保护焊设备

一、二氧化碳气体保护焊设备的基本组成

CO_2 焊设备由气源、电源、焊丝输送机构、焊枪、焊接程序控制系统和焊机行走机构六个基本部分组成,如图1-2所示。CO_2 半自动焊没有焊机行走机构,由焊工手持焊枪进行焊接。

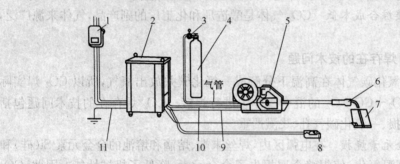

图1-2　CO_2 半自动焊设备的基本组成
1.三相电源　2.焊接电源入控制　3.CO_2 气体流量调节器　4.气瓶　5.送丝机构
6.焊枪　7.焊件　8.遥控器　9.焊接电缆　10.送丝机构电源　11.地线

(1)气源　提供稳定、纯净、干燥的 CO_2 保护气流,并对 CO_2 保护气流的流量进行调节。CO_2 焊的气源由 CO_2 气瓶、压力调节阀、CO_2 加热器、水分去除器、流量计等组成。

(2)电源　由变压器、整流元件、滤波元件、控制电器及触发控制、保护测量调节等电子元器件构成。CO_2 焊很难用交流电源进行焊接,因此,CO_2 焊的电源应该采用直流电源。

(3)焊丝输送机构　向焊接电弧区域均匀输送几种不同直径的焊丝,并能对焊丝的输送速度进行调控。

(4)焊枪　用来导电、导丝和导气。CO_2 焊电弧在焊丝末端与焊件间引燃,同时 CO_2 保护气体从喷嘴喷出,焊丝末端受电弧热的作用而熔化,形成熔滴,落入熔池,凝固成焊缝。

(5)焊接程序控制系统　按 CO_2 焊接工艺的要求对焊接电源、气源、送丝机构、焊枪、焊接行走机构进行自动控制,达到稳定焊接过程的目的,使电弧稳定地引弧、燃烧、运弧和收弧。

(6)焊机行走机构　是指拖动焊枪和送丝机构,按可调控的速度均匀而稳定地沿着焊件坡口移动的装置。

二、二氧化碳气体保护弧焊机

1. CO_2 弧焊机的分类

CO_2 弧焊机为直流弧焊机，其主要的分类形式如下：

按电源的类型分为：抽头式硅整流电源 CO_2 弧焊机、晶闸管整流式电源 CO_2 弧焊机和逆变器式电源 CO_2 弧焊机。

按控制器元件分为：继电器控制的 CO_2 弧焊机、电子器件控制的 CO_2 弧焊机和电脑控制的 CO_2 弧焊机（CO_2 焊接机器人）。

按使用的气体种类分为：CO_2 气体保护弧焊机和混合气体保护弧焊机（亦称 MAG 焊机）。

按 CO_2 弧焊机额定电流的大小分为：小容量（$\leqslant 200A$）、中容量（$250\sim350A$）和大容量（$\geqslant 400A$）三种类型。

按自动化程度分为：CO_2 自动和半自动弧焊机。CO_2 半自动弧焊机按焊枪的形式分为：鹅颈式和手枪式两种。

一般常用的 CO_2 弧焊机是 CO_2 半自动弧焊机。从焊枪来看，鹅颈式焊枪较多；从功率来看，中等容量（350A）较多；从电源的类型看，晶闸管式居多。

2. CO_2 弧焊机型号

根据《电焊机型号编制方法》（GB/T 10249—2010）规定，熔化极气体保护弧焊机（包括 CO_2 弧焊机）的型号代码表示如下。

①②③④—额定输出电流

上述产品符号代码中①②③各项用汉语拼音字母表示，④用阿拉伯数字表示。它们所代表的含义见表1-1。

表1-1 熔化极气体保护弧焊机型号代码含义

第1位（字母）		第2位（字母）		第3位（字母）		第4位（数字）	
大类名称	代表字母	小类名称	代表字母	附注特性	代表字母	系列序号	数字代号
熔化极气体保护焊	N	半自动焊	B	二氧化碳焊接	C	焊车式	省略
						全位置焊车式	1
		自动焊	Z			横臂式	2
		螺柱焊	C	氩气及混合气保护焊	省略	机床式	3
		点焊	D			旋转焊头式	4
		堆焊	U	氩气及混合气保护脉冲焊	M	台式	5
						机械手式	6
		切割	G			变位式	7

注：产品符号代码中3,4如不需表示时，可以只用1,2项。

例如:

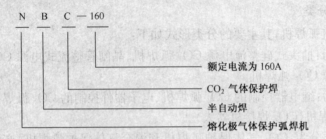

N B C —160

额定电流为160A
CO_2 气体保护焊
半自动焊
熔化极气体保护弧焊机

3. CO_2 弧焊机性能参数

典型的 CO_2 半自动弧焊机的性能参数见表1-2。

三、二氧化碳气体保护焊枪

二氧化碳气体保护焊枪有自动焊枪和半自动焊枪。CO_2 半自动焊枪上装有焊接控制开关和手持把手,控制焊接的起弧和停止。CO_2 自动焊枪没有这种功能。自动焊枪一般采用夹箍固定在弧焊机头上。

焊枪焊接过程中,电弧除熔化焊丝和焊件外,也对焊枪加热。另外,焊枪传导电流的过程中,导体的电阻热也加热焊枪。因此,为保证焊接工作顺利地进行,焊枪必须有冷却系统。

焊枪的冷却方法有两种:一种是利用 CO_2 保护气体经过枪体,带走一部分热量的自然冷却方法,这种方法被称为气冷(或叫自冷)。自冷方式的焊枪,用于小电流、焊接时间短(负载持续率低)的焊接。另一种是采用冷却水循环流经焊枪内部带走热量的方法,这种冷却方法称为水冷。它普遍用于大功率焊枪。

1. 手枪式 CO_2 半自动焊枪

手枪式 CO_2 半自动焊枪是专为小容量半自动 CO_2 弧焊机使用细焊丝($\phi0.5\sim1.0mm$)而设计的焊枪。焊枪上除了枪体部分之外,还有焊丝盘、送丝机构和微型电动机。微型电动机转动而带动减速器,使送丝滚轮旋转,拉动焊丝使之通过焊枪的导丝管到达电弧区进行焊接。这种送丝方式被称为拉丝式,因此,这种焊枪也被称为拉丝焊枪。

手枪式 CO_2 半自动焊枪的内部结构如图1-3所示。此焊枪只适用 $\phi0.5\sim1.0mm$ 的焊丝,焊丝盘一次装 0.7kg 焊丝,采用 CO_2 气体自冷系统(没有水冷系统),是为小电流(160A 或 200A)CO_2 半自动弧焊机配套专用焊枪,其技术参数见表1-3。

表 1-2 典型的 CO_2 半自动弧焊机的性能参数

名称	型号	焊接电源										焊枪行走小车	应用特点
		输入电压/V	相数	空载电压/V	外特性	额定输出电流/A	额定负载持续率	其他	焊丝直径/mm	送丝速度/(m/min)	送丝方式		
半自动焊机													
CO_2 半自动弧焊机	NBC-160	380	3	185~28	硅整流平特性	160 124	60 100	额定工作电压 22V	0.6 0.8 1.0	3~11	拉丝	Q-Ⅱ型空冷枪带丝盘	焊板厚 0.6~3mm 的薄板,短路过渡
	NBC-200	380	3	175~28.5	硅整流平特性	200	60	工作电压 17~24V 电流范围 60~200A	0.8~1.2	—	推丝	鹅颈式焊枪	可焊接低碳钢和不锈钢
	NBC-500S	380	3	75	硅整流平特性	500	75	工作电压 15~40V 电流范围 100~500A	1.2~2.0	8	推丝	鹅颈式焊枪	可焊接低碳钢和不锈钢
	NBC-630	380	3	—	晶闸管整流平特性	630	60	工作电压 19~44V 电流范围 110~630A	1.0~1.6	2~16	推丝	鹅颈式焊枪	CO_2 焊

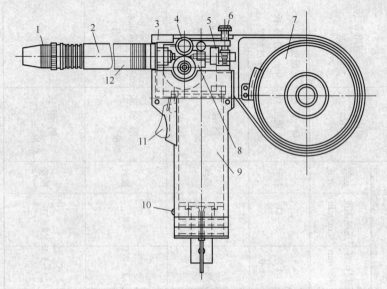

图 1-3　手枪式 CO_2 半自动焊枪的内部结构

1. 喷嘴　2. 外套　3. 绝缘外壳　4. 送丝滚轮　5. 导丝管　6. 调节螺杆
7. 焊丝盘　8. 减速箱　9. 电动机　10. 退丝按钮　11. 扳机　12. 进气口

表 1-3　手枪式 CO_2 半自动焊枪的技术参数

焊枪型号	额定电流/A	负载持续率/%	焊丝直径/mm	送丝速度/m/min	送丝电机 电压/V	送丝电机 功率/W	焊丝盘直径/mm	重量/kg	电缆长度/m
QLBF—200	200	60	0.6～1.0	1.6～10	DC24	16	102	0.8(净)	6～10
PW—200	200	60	0.6～1.0	1.0～9	DC24	—	102	1.4	10

2. 鹅颈式 CO_2 半自动焊枪

鹅颈式 CO_2 半自动焊枪头部有细长弯管犹如鹅颈,故此得名。此焊枪适用于较粗焊丝和较大焊接电流,并且轻便灵活,焊工可在空间各个方向进行施焊,是当前普遍应用的 CO_2 半自动焊枪。

鹅颈式 CO_2 半自动焊枪的焊丝是从送丝机构经导丝管输送出来。其冷却系统有气冷式和水冷式两种。

鹅颈式 CO_2 半自动气冷焊枪的结构如图 1-4 所示。利用 CO_2 保护气体通过导管到达喷嘴,将枪内的多余热量带走。CO_2 气冷焊枪一般为中小功率(电流)的焊枪。

鹅颈式 CO_2 半自动水冷焊枪的结构如图 1-5 所示。在气冷焊枪的基础上,于导气管路上加焊了一个铜制的循环水套和进水、回水管路,依靠循环的冷却水将焊枪的积热带走。CO_2 水冷焊枪一般为大功率焊枪(较少使用)。

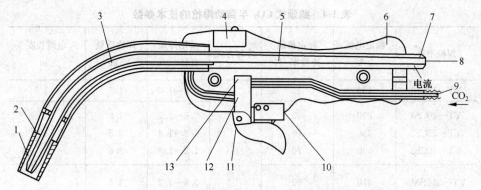

图1-4 鹅颈式CO₂半自动气冷焊枪的构造

1. 喷嘴 2. 导电嘴 3. 导丝导电管 4. 回丝开关 5. 导电杆 6. 手把 7. 钢套
8. 焊丝入口 9. CO₂入口 10. 焊接开关 11. 扳手 12. 弹簧 13. 气阀

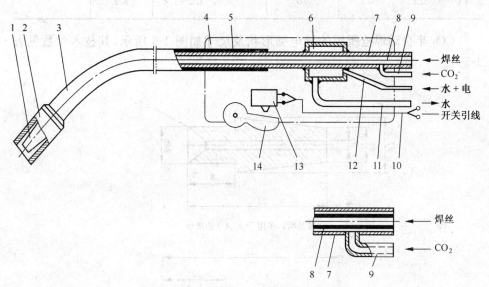

图1-5 鹅颈式CO₂半自动水冷焊枪的构造

1. 导电嘴 2. 喷嘴 3. 枪管 4. 把手 5. 绝缘 6. 水冷套 7. 导气管 8. 导丝管
9. CO₂入口 10. 双芯电线 11. 回水管 12. 进水及接电管 13. 微动开关 14. 按钮

常见的鹅颈式 CO_2 半自动焊枪（气冷式）的技术参数见表1-4。

3. CO₂ 半自动焊枪的零件

（1）导电嘴 导电嘴既导丝又导电,是焊枪完成导电、输导焊丝的重要零件。对导电嘴的要求是:焊丝经过导电嘴时应减小摩擦,顺利通过;导电良好,使用寿命长。

导电嘴的制造材料可用紫铜和铬青铜。铬青铜的导电嘴耐磨性好,使用寿命要长一些。

表 1-4　鹅颈式 CO_2 半自动焊枪的技术参数

焊枪型号	额定电流 /A	额定负载 持续率/%	冷却方式	适用焊丝 直径 /mm	焊枪重量 /kg	电缆长度 /m
YT—18CS3	180	40		0.6～1.0	1.7	3
YT—20CS3	200	50		0.8～1.2	1.9	3
YT—35CS3	350	70		0.8～1.4	2.8	
YT—50CS3	500	70		1.2～1.6	3.6	
YT—35CSM3	350	70	气冷	0.8～1.2	3.6	4.5
YT—50CSM3	500	70		1.2～1.6	4.9	
YT—35CSL3	350	70		1.2～1.4	4.5	6
YT—50CSL3	500	70		1.2～1.6	6.2	

　　CO_2 半自动焊枪所用的导电嘴形状及尺寸如图 1-6 所示,其技术参数见表 1-5。

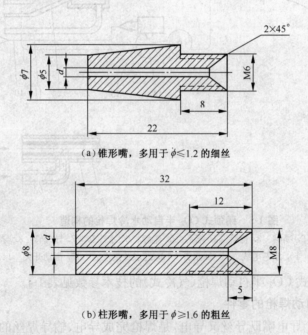

（a）锥形嘴,多用于 $\phi \leqslant 1.2$ 的细丝

（b）柱形嘴,多用于 $\phi \geqslant 1.6$ 的粗丝

图 1-6　导电嘴

　　（2）喷嘴　喷嘴装在焊枪的最前端。CO_2 焊接时,保护气体从喷嘴喷出形成层流保护气罩,笼罩电弧区,对熔池起保护作用。

表 1-5　CO_2 半自动焊枪用导电嘴的技术参数

导电嘴种类	适用焊丝直径/mm	内径/mm	外径/mm	长度/mm	连接螺纹
锥状	0.5	0.8		22	
	0.8	1.0	7	25	
	1.0	1.2		32	
	1.0	1.2		30	M6
	1.2	1.5	9	40	
	1.6	1.8		45	
柱状	0.8	1.0	6	25	M6
	1.0	1.2	8	28	M8
	1.6	1.8	8	28	M8
	2.0	2.0	8	32	M8

　　喷嘴工作条件恶劣,受电弧高温烘烤。当喷嘴内腔受到焊接飞溅颗粒的黏附时,会使保护气流紊乱。喷嘴的结构形状如图 1-7 所示。

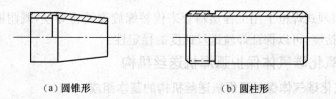

（a）圆锥形　　　　　　　　　（b）圆柱形

图 1-7　喷嘴

　　喷嘴是用金属材料制成的,一般为黄铜。CO_2 焊枪使用前在喷嘴的内外表面涂一层耐高温的硅油,能容易地清除飞溅颗粒,提高使用效果,延长使用寿命。CO_2 焊枪喷嘴的技术参数见表 1-6。

表 1-6　CO_2 半自动焊枪喷嘴技术参数　　　　　　　　　　（mm）

喷嘴口径	外径	内径	壁厚	全长	适合焊枪型式、规格
19	25	19	3.0	84	推丝、松下 500A
15	20	15	2.5	73	推丝、松下 350A
16	19	16	1.5	75	推丝、松下 200A
19	25	19	3.0	88	推丝、OTC 500A
15	20	15	2.5	74	推丝、OTC 350A
15	18	15	1.5	75	推丝、OTC 200A
20	24	20	2.0	84	推丝、宾采尔 350A
17	20	17	1.5	64	推丝、宾采尔 250A
16	18	16	1.0	53	推丝、宾采尔 160A

(3)导丝管 鹅颈式 CO_2 半自动焊枪的后面都拖带一根软管。软管用复合材料制成,为焊枪输送保护气体、焊丝和焊接电流,水冷式焊枪还要引入和排出冷却水。

导丝管在软管中承担输送焊丝的任务。导丝管是由细弹簧钢丝连续密绕制成的螺旋弹簧软管,其内径应均匀一致,与焊丝的摩擦力要小,应有良好的弹性和挺括度。

在焊枪工作时,导丝管内壁受到焊丝的连续摩擦,尤其是焊丝经过送丝滚轮挤压之后,焊丝表面变得毛糙,摩擦力更大,使导丝管内径尺寸变大,形状变得不规则,这样就会影响送丝速度的稳定性和增大导电嘴的消耗。导丝管属于易损件,需要适时更换。表 1-7 为 CO_2 半自动焊枪导丝管的技术规格。

表 1-7 CO_2 半自动焊枪弹簧导丝管的技术规格

焊丝直径 /mm	弹簧管内径 /mm	弹簧管钢丝直径 /mm	弹簧管长度 /m
0.8	1.2	1.0	2.0～3.0
1.0	1.5～2.0	1.0	2.0～3.5
1.2	1.8～2.4	1.0～1.2	2.5～4.0
1.6	2.5～3.0	1.2	3.0～5.0

目前,鹅颈式焊枪上用工程塑料管来代替螺旋弹簧管导丝,既耐磨又有一定的弹性和挺括度,可以保证焊丝送丝速度的稳定性。

四、二氧化碳气体保护弧焊机送丝机构

1. 二氧化碳气体保护弧焊机送丝机构的基本组成

CO_2 焊不论是自动焊还是半自动焊,都采用自动送丝机构。焊机的送丝机构由电动机、减速器、送丝滚轮、压紧轮及调节装置和校直轮及调整装置等构件组成。

如图 1-8 所示,焊丝从焊丝盘中引出,经校直轮校直后,通过送丝滚轮和压紧

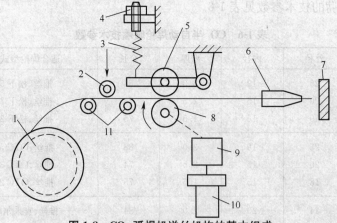

图 1-8 CO_2 弧焊机送丝机构的基本组成
1. 焊丝盘 2. 校直调节轮 3. 压紧弹簧 4. 调节螺母 5. 压紧轮
6. 焊枪导电嘴 7. 焊件 8. 送丝滚轮 9. 减速器 10. 电动机 11. 校直支撑轮

轮的挤压而产生送丝力,使焊丝进入焊枪的导电嘴并输出,进行焊接。送丝滚轮的转动由送丝电动机经减速之后驱动,送丝的压紧轮可以通过调节螺母来调节。焊丝校直的效果也可以由中间的校直调节轮进行调整。

2. 二氧化碳气体保护焊的送丝方式

CO_2焊的送丝采用等速送丝,焊接电流主要按送丝速度来调节。送丝是否均匀、稳定至关重要,直接影响熔滴过渡、焊缝成形和电弧的稳定性。因此,送丝机构不但要送丝速度稳定还要调速方便和结构牢固轻巧。

CO_2焊的送丝方式有:推丝式、拉丝式、推拉式三种。

(1)推丝式送丝方式 推丝式送丝方式如图1-9所示。焊丝从送丝滚轮推出,需要经过3~5m导丝软管的传输,才能进入焊枪的导电嘴输出。这种送丝方式结构简单,焊枪操作轻便,特别是送丝机构独立,维修和调整都很方便。但由于这种送丝方式焊丝受到的阻力较大,存在焊接过程中送丝速度不稳的隐患,同时焊枪的传导软管长度受限,使焊枪的活动半径受到制约,通常只能在离送丝机构3~5m的范围内操作。

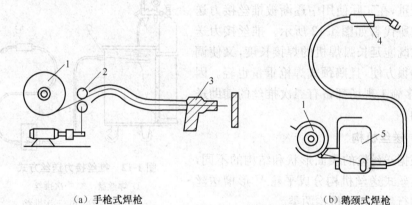

(a)手枪式焊枪   (b)鹅颈式焊枪

图1-9 推丝式送丝方式示意图

1.焊丝盘 2.送丝轮 3.手枪式焊枪 4.鹅颈式焊枪 5.送丝机构

(2)拉丝式送丝方式 拉丝式送丝方式如图1-10所示。这种送丝方式将送丝机构和焊枪制成一体,送丝速度均匀、稳定,送丝阻力小。但焊枪结构复杂、重量大,增加了劳动强度。为了减轻手持焊枪的重量,只能选用$\phi 0.8mm$以下的焊丝,并且焊丝盘重量应控制在0.5~1.0kg。

(3)推拉式送丝方式 推拉式送丝方式如图1-11所示。这种送丝方式是上述两种送丝方式的组合,送丝时以推为主。由于焊枪上装有拉丝轮,可以克服焊丝通过导丝软管时的摩擦阻力,导丝软管的长度可以加长到20m,使弧焊机的应用范围显著扩大。推拉式送丝方式可以多级串联使用,大大增加了操作的灵活性。

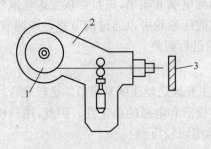

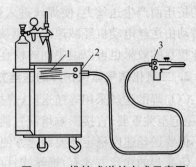

图 1-10 拉丝式送丝方式示意图
1. 焊丝盘 2. 焊枪 3. 焊件

图 1-11 推拉式送丝方式示意图
1. 焊丝盘 2. 推丝 3. 拉丝式焊枪

在推拉式送丝中,推丝机构是送丝的主要动力,保证焊丝的输送。拉丝机构的拉力随时将焊丝拉直,保证送丝速度稳定。推、拉两个机构应协调,为了保证焊丝始终处于被拉直的状态,拉丝机构的速度应稍快于推丝机构。

推拉式送丝方式结构复杂,调整麻烦,焊枪较重,在实际使用中逐渐被推丝接力送丝方式所代替如图 1-12 所示。推丝接力送丝方式既能延长弧焊机的焊接长度,又使调整变得很方便,且鹅颈式焊枪重量也轻。因此,很多施工现场都备有二次推丝的辅助送丝机构。

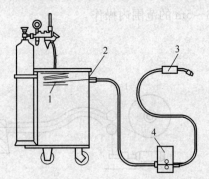

3. 送丝机构

根据送丝轮的表面形状和结构的不同,可将推丝式送丝机构分成平轮 V 形槽送丝机构和行星轮送丝机构两类。

图 1-12 推丝接力送丝方式
1. 焊丝盘 2. 一次推丝
3. 鹅颈式焊枪 4. 二次推丝

(1)平轮 V 形槽送丝机构 送丝轮上有 V 形槽,通过焊丝与 V 形槽两侧产生的摩擦力送丝。由于摩擦力小,送丝速度不够平稳。我国生产的大多数送丝机构都采用这种送丝方式。使用时应根据焊丝直径选择合适的 V 形槽,并调整好压紧力。若压紧力太大,会在焊丝上压出棱边和很深的齿痕,送丝阻力增大,焊嘴内孔易磨损;若压紧力太小,则送丝不均匀,甚至送不出焊丝。

(2)行星轮送丝机构 行星轮送丝机构如图 1-13 所示。将三个互成 120°的焊丝滚轮交叉地安装在一个驱动盘上(驱动盘就相当于轴向固定的螺母,穿过驱动盘和三个滚轮中间的焊丝就相当于螺杆),三个滚轮与焊丝之间预先调定一个螺旋角。当电动机的主轴带动驱动盘旋转时,三个滚轮同时向焊丝施加一个轴向推力,将焊丝推动送出。三个滚轮在送丝驱动过程中,一方面像行星一样绕焊丝公转,一方面又绕自己的轴自转。调节电动机的转速,即可调节焊丝的送丝速度。

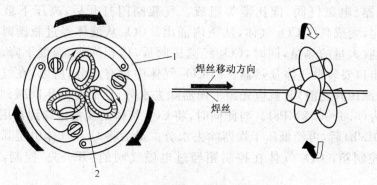

图 1-13 行星轮送丝机构示意图
1. 驱动转盘 2. 焊丝

装有行星轮送丝机构的焊枪如图 1-14 所示。这种焊枪的电动机机轴是中空的,可以穿过焊丝。电动机旋转时,带动三个行星滚轮转动,从而推动焊丝输送。

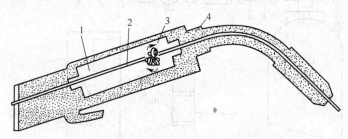

图 1-14 装有行星轮送丝机构的焊枪示意图
1. 送丝电机 2. 焊丝 3. 送丝滚轮 4. 焊枪

行星轮送丝机构推力大、摩擦损耗小、焊丝不摆动,不需要减速机构,结构简单,重量轻(不到 300g),送丝速度稳定,可以一级接一级地串联接力使用。一级单独使用,送丝长度可达 7~8m;多级串联应用,最长可达 60m,并能稳定地送丝。

行星轮送丝机构特别适合药芯焊丝($\phi 1.2 \sim 2.8 \text{mm}$)和细丝实芯焊丝($\phi 0.8 \sim 1.2 \text{mm}$)的长距离送丝。

五、二氧化碳气体保护弧焊机供气系统

1. 二氧化碳气体保护弧焊机供气系统的基本组成

CO_2 焊机的供气系统向焊枪提供一定纯度、一定压力和一定流量的 CO_2 保护气体,保证焊枪喷嘴外围形成稳定的保护气罩。

国内 CO_2 焊所用的气体都是采用瓶装 CO_2 气体。供气方式有两种:一种是汇流排管道供气。这种供气方式的生产率高,适合大型焊件自动焊接或多工位同时进行焊接的大型企业使用。另一种是一把焊枪由一个气瓶供气的方式。这种供气方式方便灵活,适合半自动弧焊机使用,是应用最多、最广的供气方式。

  CO_2 半自动焊的供气系统如图 1-15 所示。由气瓶、减压阀、预热器、流量计、干燥器、电磁气阀、配比器等组成。气瓶阀门打开后,高压下被液化的 CO_2 汽化,变成高压 CO_2 气体,从瓶内涌出。CO_2 从液体经过瓶阀时变为气体,要吸收大量的热量,同时,CO_2 经减压阀后,体积膨胀,温度下降。为此,在瓶阀出口要装设气体预热器。因 CO_2 气体中含有水分,所以,在气体的高压状态(减压阀之前)时就应先经干燥器除去水分,然后经减压阀减到焊接使用的压力(0.1~0.2MPa)。与此同时,将 CO_2 气体的流量也调到常用的流量(15~20L/h)后,再经低压干燥器除去水分。最后将 CO_2 气体引至弧焊机机箱内的控制箱,CO_2 气体在控制箱经过电磁气阀的"开—关"控制,输送到焊枪。

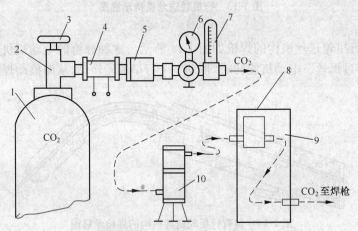

图 1-15 CO_2 半自动焊供气系统

1.CO_2 气瓶 2.气瓶阀 3.手轮 4.预热器 5.高压干燥器
6.减压阀 7.流量计 8.电磁气阀 9.弧焊机控制箱 10.低压干燥器

2. 二氧化碳气体保护弧焊机供气系统组件

  (1)CO_2 气瓶 目前我国市场供应的 CO_2 气瓶大多数是普通 40L 容量的气瓶,如图 1-16 所示,也有一种轻便型(8L 和 5L)的气瓶。

  气瓶必须是专气专用,严格禁止混用,以确保安全生产。为了防止弄混,国家严格规定了气瓶外表的颜色标志和文字标志。二氧化碳气瓶表面颜色为银白色,瓶体标写汉字"二氧化碳"。

  普通 40L 的 CO_2 气瓶,能装 25kg 液态 CO_2,能汽化成 12725L 的 CO_2 气体。按 15L/min 的耗气量计算,一瓶气可以连续使用 14h,可供一台弧焊机两个工作班使用。CO_2 半自动弧焊机多数配用 40L 的 CO_2 气瓶。

  轻便气瓶容量小,重量轻,方便灵活,可为小容量轻便逆变电源的手枪拉丝式 CO_2 半自动弧焊机配套,适用于维修工作。8L 容积的小气瓶可装 5kg 液态 CO_2,

能汽化成 254.5 L 气体,若仍按 15L/min 耗气量计算,可连续供气 2.8h。

CO_2 气瓶使用注意事项如下:

①灌装 CO_2 气瓶时,不能将气瓶装满。普通气瓶容积 40L,只能装到 80%,留有 20% 的容积作为液态 CO_2 的汽化空间,不然将影响 CO_2 液体的汽化。

②瓶装 CO_2 气体使用时,不能将气体全部用光,要保留 10kPa 压力的残余气体,大约为 10L。

③CO_2 气瓶内的压力与环境温度有关,温度升高时,压力也增大。所以,CO_2 气瓶不能在烈日下曝晒,也不能在热源边烘烤。气瓶必须距热源和实际焊割作业点距离足够远,一般要求大于 5m。否则,气瓶有爆破的危险。

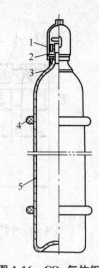

图 1-16 CO_2 气体钢瓶
1. 瓶帽 2. 瓶阀 3. 瓶钳
4. 橡胶防震圈 5. 瓶体

④搬运时,要采用立姿且稍倾斜旋滚的方式,也可以用专用小车推送。

⑤气瓶不用时,要戴上瓶口护帽,防止瓶阀碰坏。

⑥贮存时,不要卧倒堆积,要立放。

⑦在冬季,尤其在结冰时要注意,含水量高的 CO_2 气体有可能将瓶阀冻住。此时,严禁使用明火烘烤。

(2)预热器 预热器是用来对气瓶输出的 CO_2 气体进行加热,以补偿液态 CO_2 汽化时吸热和 CO_2 气体在减压时体积膨胀所损失的热量。预热器对防止 CO_2 气体管路冻结有很大的作用。

预热器的构造如图 1-17 所示,在一个黄铜制造的管件外圆上,经过绝缘后绕上电阻丝,再加绝缘之后制成。CO_2 气体从管体一端进入,经过管体受热后,从管体另一端输出。预热器电阻的电压一般采用 36V 交流电压,功率为 100~200W。近年来,CO_2 预热器的发热体已采用 PTC 陶瓷加热元件,产品性能得到显著提高,能达到 65℃±5℃ 的恒温加热。

(3)减压器 减压器是气体压力和流量的单向调节器件,兼有压力测量作用。气体压力调节是将高压气瓶的高压气体经减压器的精细调节,降至用户所要求的数值之后,再向外输出。气体流量调节与压力调节同步,气体的压力大,流量就大,反之亦然。

减压器的结构形式较多,应用较为广泛的是反作用式减压器,如图 1-18 所示。

当高压气体从进气口进入高压气室后,再由减压活门的气隙进入一侧装有弹性薄膜的低压气室中。减压活门与弹性薄膜之间由连杆上下连接,因此,减压活

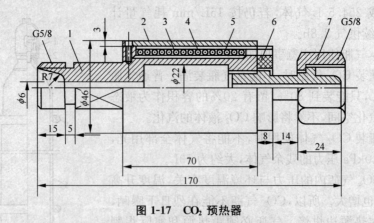

图 1-17 CO₂ 预热器

1. 管体 2. 外壳 3. 云母纸 4. 瓷管 5. 电阻丝 6. 绝缘端盖 7. 连接螺帽

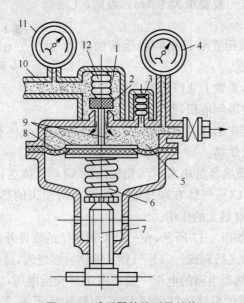

图 1-18 减压器的外形及结构

1. 高压气室 2. 减压活门 3. 安全活门 4. 低压压力表 5. 低压气室
6. 工作弹簧 7. 调节螺杆 8. 弹性薄膜 9. 连杆 10. 进气口
11. 高压压力表 12. 回动弹簧

门开启气隙的大小是由工作弹簧与回动弹簧共同作用。减压活门的上升量(开启量)可用手旋调节螺杆来调节。

减压活门上升量大,气隙便大,则减压器输出的压力增大。反之,减压活门上升量小时,输出的气体压力减小。减压器输出气体的压力和流量大体上与减压活门出口的直径大小成正比。

(4)流量计 减压器只能测量气体的压力,不能测量气体的流量。CO₂ 焊接过程中要求对流量的大小进行精确的测量和调节。

CO₂焊目前普遍使用的气体流量测量和调节器是转子流量计,如图1-19所示。

转子流量计是由一个垂直倒置(锥度向下)、有一定锥度的玻璃管和管内的一个球形浮子组成的测量单元。调节单元更简单,是一个螺旋调节阀。两个单元构成气体转子流量计。被测气流进入流量计后,从锥管小端自下而上地流入锥管,气流作用到浮子时,便使浮子产生向上的浮力(上升力)。当此上升力大于浸在气流中的浮子的重力时,浮子上升。浮子的最大外径与锥管内壁之间构成环形气隙。因管是锥状,随浮子的升高而环形气隙面积增大,气流流速随之下降,而作用在浮子上的上升力则逐渐减小,直到浮子上升力与重力平衡时,浮子便稳定在某一高度。此高度所对应的刻度就是被测气体的流量值。

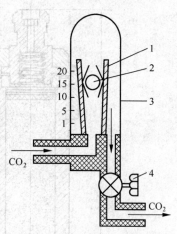

图1-19 转子流量计对气体流量测量、调节的原理示意图

1. 锥形玻璃管 2. 浮子
3. 刻度玻璃管 4. 调节阀

CO₂焊使用的气体流量计有两种安装方式:一种是流量计安装在弧焊机的控制面板上,另一种是安装在气瓶减压器上,两者都在实际中有应用,但后者应用居多。

(5)干燥器 干燥器是去除CO₂气体中水分和杂质的装置。干燥器分高压干燥器和低压干燥器两种,如图1-20所示。高压干燥器用在气体未经减压之前,而低压干燥器则用在气体减压之后。干燥器内装极易吸收水分的干燥剂,当气体进入干燥器穿过干燥剂时,气体中的水分被干燥剂所吸收,从干燥器流出的气体所含水分便显著减少。

干燥剂一般采用硅胶、脱水硫酸铜或无水氯化钙。受潮的干燥剂可以加热、烘干后重复使用。干燥器的使用要根据CO₂气体的纯度来确定。当CO₂气体含水量较大时,可以高、低压干燥器同时使用;若气体含水量稍大时,可以只用一个高压干燥器;若气体纯度符合要求时,亦可不用干燥器。

(6)电磁气阀 电磁气阀是使气路打开或关闭的控制元件。电磁气阀安装在CO₂弧焊机的控制箱中。如图1-21所示为电磁气阀的构造示意图。

电磁气阀的活动衔铁下端装有阀门垫,线圈无电时,衔铁以重力和弹簧的反弹力使气阀出气口关闭,气路阻断。当线圈加上控制电压后,线圈产生磁力,将衔铁阀门垫向上吸引,使阀门出气口打开,气路畅通。

(7)配比器 为了克服CO₂焊飞溅大、焊缝成形差的缺点,得到稳定的焊接过程和较高的焊接质量,CO₂+Ar(氩)的混合气体保护焊得到迅速的发展和更广

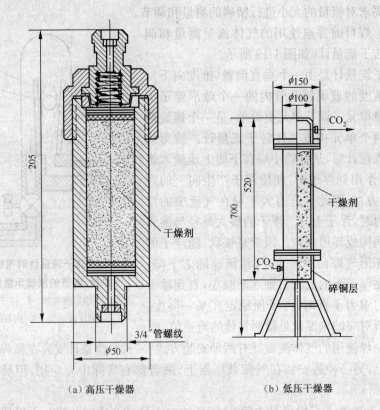

（a）高压干燥器　　　　　（b）低压干燥器

图 1-20　干燥器构造

泛的应用。

混合气体保护焊接时，混合气体配比的精确度和稳定性，对电弧的燃烧过程和焊接质量有很大的影响。混合气体配比器的基本作用是保证 Ar 气和 CO_2 气体混合的比例在焊接过程中保持不变。

配比器由压力平衡阀、配比调节阀、混合气室和输出流量调节阀构成。CO_2 气体从气瓶出来，经预热、减压、干燥输出后，和从 Ar 气瓶经减压流出的 Ar 气体都调到同一压力后，分别接入混合气配比器的输入管口。CO_2 和 Ar 经各自管口进入压力平衡气阀，进行精细的压力平衡和气流稳

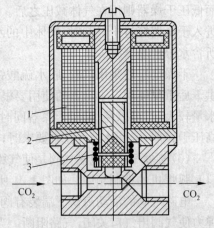

图 1-21　电磁气阀的构造示意图
1. 线圈　2. 衔铁　3. 弹簧

定后，分别进入到配比调节阀中，气体的比例分配取决于阀门的开启程度。

调节旋钮的作用是,当第一种气体的阀门逐渐开启的同时,第二种气体的阀门逐渐关闭,反之亦然,便可以调节两种气体流量的配比值。调节好配比的混合气体进入混合气室,经流量调节阀控制流量,便可向外输出,供焊接使用。

为方便用户使用,也可以直接按最佳配合比配好混合气体,装瓶供货,用户可直接购气使用,进行混合气体保护焊。

第三节 二氧化碳气体保护焊的焊接材料

一、二氧化碳气体

1. CO_2 气体的性质

CO_2 常态下是一种无色、无味、无毒、不燃烧、性能稳定的气体,易溶于水生成碳酸(H_2CO_3)。其密度为 $1.976kg/m^3$,是空气的 1.53 倍(空气的密度为 $1.293kg/m^3$)。它可以排挤走空气,对焊接区域具有较好的保护性能。CO_2 的电离电位为 $1.43V$,电弧稳定电压为 $26\sim28V$,与焊接电弧最稳定的 Ar 气体电弧接近,所以,CO_2 电弧焊燃烧的稳定性良好。

CO_2 在 5000K(K——开尔文,温度单位,$1K=℃+273.15$)高温下几乎全部分解(分解度为 99%)。气体分解时要吸收热量,因此,CO_2 对焊接有很强的冷却作用,使得 CO_2 焊电弧能量集中,熔深大,热影响区小,所以 CO_2 焊节能、高效。但是,CO_2 的高温分解($CO_2=CO+O$)产物有很强的氧化性,必须采取防止母材和焊丝中的合金元素烧损和尽量减少飞溅的措施。

CO_2 常温常压下为气态,不受压力作用,只要降温冷却,CO_2 便可由气态不经液态而直接变成固态(干冰)。反过来,干冰也会在温度升高时直接升华转变为气态。干冰汽化所得的 CO_2 含水量很高,不适合焊接使用。

气态 CO_2 受到压力压缩时可变成液态。液态 CO_2 是无色的液体,沸点很低,为 $-78℃$。焊接所使用的 CO_2 气体都是瓶装液态的 CO_2,常温下使用时,CO_2 就可汽化。

液态 CO_2 在 $-11℃$ 时,比容为 1(与水相等)。当温度低于 $-11℃$ 时,液态 CO_2 的比容比水小,而当温度高于 $-11℃$ 时,液态 CO_2 的比容却比水大。焊接使用的瓶装 CO_2 正是利用 CO_2 的 $-11℃$ 特性,对 CO_2 气体进行除水提纯。

2. 对 CO_2 气体纯度的要求

焊接对 CO_2 气体的纯度(体积百分比)要求是:$CO_2\geq99.5\%$,N_2(氮气)$<0.1\%$,H_2O(水)$<1\sim2(g/m^3)$。当要求较高时:$CO_2\geq99.8\%$,含水量$<CO_2$ 重量的 * 0.0066%。

3. CO_2 气体使用前的提纯方法

CO_2 气体如果含水量过高,可在焊接现场进行脱水提纯处理,方法如下:

①当环境温度在－11℃以上时，CO_2 液体的比容大于水,这时水在气瓶的上层,液体 CO_2 在下层。将气瓶倒置 1～2 个小时,使水能充分地沉到倒置的气瓶瓶嘴部分,然后,打开瓶嘴气阀,水便喷出,放水 3～5 分钟关上瓶阀,等 30 分钟再放水 3～5 分钟,共放水三次。放水结束将气瓶直立复原。

②经过倒立放水的气瓶,在使用前仍需先空放 CO_2 气体 2～3 分钟,放掉气瓶上部分的气体。因为这部分气体含有较多的水分和空气。

③在 CO_2 弧焊机的供气气路里,设置高压干燥器和低压干燥器,进行两级干燥处理(使用硅胶或脱水硫酸铜做干燥剂),进一步减少 CO_2 气体中的水分。

④由于气压越低水气的挥发量越多,则 CO_2 的含水量就越高。因此,使用中的 CO_2 气瓶,当压力降到 0.98MPa 时,不应再继续使用。当瓶内气体压力降到 0.98MPa 以下时,CO_2 气体中所含的水分将增加到 3 倍左右,如继续使用焊缝中极易产生气孔。

二、二氧化碳气体保护焊焊丝

1. CO_2 焊焊丝的作用

CO_2 焊焊丝在焊接过程中的作用,包括作为熔化极气体保护焊焊接电弧的电极、传导电流、填充金属、向焊接熔池添加脱氧剂和向焊缝金属补充合金五个方面。

CO_2 焊由于电弧的强烈氧化性,使熔池金属氧化,CO_2 焊丝成分中含有金属脱氧剂,随焊丝熔化而施加到熔池中去参与化学反应,起到脱氧的作用。CO_2 焊电弧的强烈氧化作用使熔池金属的合金元素氧化、烧损,而焊丝中含有被电弧烧损的合金元素,当焊丝溶入熔池后,便补偿了被烧损的合金元素,使焊缝的机械性能达到要求。

2. 对 CO_2 焊焊丝的要求

① 焊丝应采用专用焊丝,不能随意替代。

② 焊丝的化学成分要有严格的控制。

③ 保证焊缝具有较高的机械性能。

④ 焊丝应有良好的导电性能。

⑤ 焊丝应有优良的焊接工艺性能,如电弧稳定、焊接飞溅小、焊接成形好、焊缝不易出现气孔等缺陷。

⑥ 焊丝应当有一定硬度和刚性,这样可以保证焊丝自导电嘴送出后挺直,当弧焊机采用推丝方式送丝时,焊丝在导丝管内不打弯而均匀送进,保证焊接电弧的稳定。

⑦ 焊丝的防锈性能要高。使用生锈的焊丝时,焊丝的导电性能下降,影响电弧的稳定性,同时,生锈的焊丝使焊接飞溅增大,焊缝易产生气孔和裂纹等缺陷。表面镀铜焊丝可防止焊丝生锈利于保管,同时,改善了焊丝导电性能,减小了送丝

阻力。焊丝因附加了薄薄的一层铜,焊接过程的稳定和焊后焊缝的成分也不受影响。

3. CO₂ 焊焊丝的种类

CO₂ 焊焊丝可以分成两大类别:实芯焊丝和药芯焊丝。

为了解决 CO₂ 焊时金属飞溅大、焊缝成形不良和焊接薄板时较难操作等问题,在技术上采取了两大措施,一是使用混合气体(CO₂+Ar)保护,二是采用药芯焊丝。在工业生产中这两个措施或单独应用,或是联合应用。

(1)实芯焊丝 CO₂ 焊的实芯焊丝就是普通 CO₂ 焊丝,可按化学成分、机械性能、焊丝直径的规格和焊丝表面是否镀铜分类。

(2)药芯焊丝 药芯焊丝实质上是将焊丝制成管形,在管内装入具有稳弧剂、脱氧剂、造渣剂和掺合金剂的药粉,在焊接过程中起着和焊条药皮同样的作用,从而解决了实芯 CO₂ 焊丝焊接时飞溅大、合金元素烧损等诸多问题。

三、碳钢二氧化碳气体保护焊实心焊丝

1. 气体保护焊碳钢、低合金钢实心焊丝的牌号

国标《熔化焊用钢丝》(GB/T 14957—1994)规定,焊丝的牌号按化学成分编制为:H ×× × ×。

H——表示焊丝。

××——为一位或两位数字,表示焊丝的碳含量(平均约数)。

×——为化学元素符号及数字,表示该元素的近似含量,当其质量分数低于1%时,可以省略数字,只记元素符号。

×——型号的末尾,可标注字母 A 或 E。A 表示该产品为优质品,说明焊丝含的 S(硫)、P(磷)杂质比普通焊丝低;E 表示高级优质品,焊丝含的 S、P 杂质含量更低。不是优质品不标字母。

例如:常用的 CO₂ 实芯焊丝 H08Mn2SiA 其含意如下:

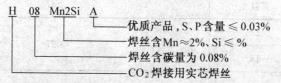

H 08 Mn2Si A
— 优质产品,S、P 含量 ≤0.03%
— 焊丝含 Mn≈2%,Si ≤ %
— 焊丝含碳量为 0.08%
— CO₂ 焊接用实芯焊丝

2. 气体保护焊碳钢、低合金钢实心焊丝的型号

国标《气体保护电弧焊用碳钢、低合金钢焊丝》(GB/T 8110—2008)规定,焊丝按熔敷金属力学性能编制的型号为 ER××—□。

ER——表示焊丝,亦可作为填充焊丝用,若只能作焊丝时,就只用一个字母E 表示;

××——为两位数字,表示该焊丝焊后熔敷金属的抗拉强度最低值的前二位

数(MPa)。

□——为数字或字母,表示焊丝化学成分分类的代号。当使用一个短线"一"及其后附的化学成分分类代号,仍不能充分表达含意时,亦可在其后再加一个短线及后附。

例如:ER48—1 其含义:

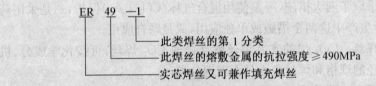

CO₂ 焊用碳钢焊丝熔敷金属的力学性能见表 1-8。CO₂ 焊用碳钢焊丝熔敷金属冲击性能和其焊接试验参数分别见表 1-9 和表 1-10。

表 1-8　CO₂ 焊用碳钢焊丝熔敷金属的力学性能

焊丝型号	保护气体	抗拉强度/MPa	屈服强度/MPa	伸长率/%
ER49—1		≥490	≥372	≥20
ER50—2				
ER50—3				
ER50—4	CO₂	≥500	≥420	≥22
ER50—5				
ER50—6				
ER50—7				

表 1-9　CO₂ 焊用碳钢焊丝熔敷金属的冲击性能

焊丝型号	试验温度/℃	夏比 V 形缺口冲击试验吸收功/J
ER49—1	室温	≥47
ER50—2	−29	≥27
ER50—3	−18	
ER50—4		不要求
ER50—5		
ER50—6	−29	≥27
ER50—7		

表 1-10　CO_2 焊用碳钢焊丝焊接试验参数

项目　　　钢丝直径 /mm	1.2	1.6
保护气体	CO_2	
送丝速度 /mm/s	190±5	102±5
电弧电压 /V	27～31	26～30
焊接电流 /A	260～290	330～360
极性	直流反接	
电极与工件距离 /mm	19±3	19±3
焊接速度 /mm/s	5.5+0.5	5.5+0.5
层间温度 /℃	150±15	150±15

第四节　二氧化碳气体保护焊焊接参数

一、二氧化碳气体保护焊焊接参数

CO_2 焊焊接参数包括焊丝直径、焊接电流、电弧电压、焊接速度、气体流量、焊丝伸出长度、焊枪喷嘴高度、焊枪倾斜角度和焊接回路电感等。

1. 焊丝直径

焊丝直径越粗,允许使用的焊接电流越大,通常根据焊件的厚薄、施焊位置及效率等要求来选择。焊接薄板或中厚板的立、横、仰焊缝时,多采用 φ1.6mm 及其以下的焊丝。焊丝直径的选用可参照表 1-11。

表 1-11　根据板厚和施焊位置选择焊丝直径

焊丝直径 /mm	焊件厚度 /mm	施焊位置	熔滴过渡形式
0.8	1～3	各种位置	短路过渡
1.0	1.5～6	各种位置	短路过渡
1.2	2～12	各种位置	短路过渡
	中厚	平焊、平角焊	细颗粒过渡
1.6	6～25	各种位置	短路过渡
	中厚	平焊、平角焊	细颗粒过渡
2.0	中厚	平焊、平角焊	细颗粒过渡

焊丝直径与焊丝导电的电流密度有直接关系。焊接电流相同时,焊丝越细,电流密度就越大。较大的电流密度一方面使电弧燃烧的稳定性得到提高,另一方面将使焊后焊缝的熔深加大。因此,熔深将随着焊丝直径的减小而增加。焊丝直

径对熔深的影响如图 1-22 所示。

焊丝直径对焊丝的熔化速度也有明显影响。由于电流密度的增加也使焊丝的熔化速度加快，如图 1-23 所示。当焊接电流相同时，焊丝越细则熔敷速度越快。

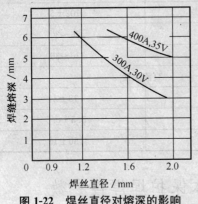

图 1-22　焊丝直径对熔深的影响　　　图 1-23　焊丝直径与熔化速度的关系

目前，国内普遍采用的焊丝有 $\phi0.8mm$、$\phi1.0mm$、$\phi1.2mm$ 和 $\phi1.6mm$。

2. 焊接电流

焊接电流是 CO_2 焊的重要参数。焊接电流直接影响焊接电弧的稳定性、焊缝的熔深和焊丝的熔化速度即焊接生产效率。

在焊丝直径相同的条件下，焊接电流越大，焊件熔化得就越深，焊接电流与焊缝熔深的关系如图 1-24 所示。若焊接电流过小，不但电弧不稳，甚至会引不起电弧。若要获得大熔深，就应加大电流。但大电流焊接时有可能烧穿焊件，因而又

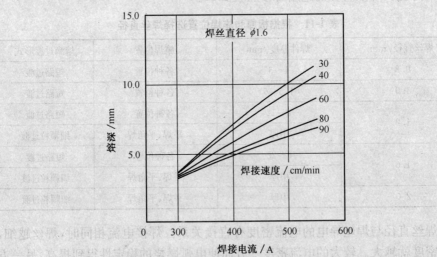

图 1-24　焊接电流与焊缝熔深的关系

需要减小电流。因此,焊接电流的调节直接影响到焊接质量。焊接电流的大小还决定焊丝的熔化速度,焊接电流越大,焊丝熔化得越快,近似于正比变化,如图1-25所示。这一规律常被用于焊接电流的调节。

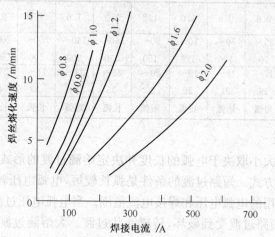

图1-25 焊接电流对焊丝熔化速度的影响

实际选用焊接电流时,除了熔深和焊接生产效率的要求外,还要与焊丝直径和电弧电压相匹配。电弧电压主要影响着焊缝形状的宽度,不考虑与电压匹配,单纯调整、增大焊接电流时,会得到深而窄的不良焊缝,甚至会产生气孔缺陷。

焊接电流与电弧电压的最佳匹配区域如图1-26所示。匹配不当易产生气孔。焊接电流、电弧电压与焊丝直径三者的应用关系见表1-12。

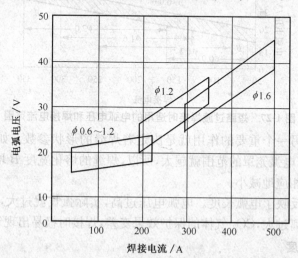

图1-26 焊丝直径、焊接电流与电弧电压的最佳匹配区域

通常使用ϕ0.8～1.6mm的焊丝,短路焊接电流在40～230A范围内,可进行短路过渡、全位置焊接;细颗粒过渡的焊接电流在250～500A范围内,对于焊接

电流大于 250A,不论哪种焊丝在焊接稳定时,都难以进行短路过渡,只能是滴状过渡,不能进行全位置焊接,只适合中厚板的平焊、角焊和横焊位置焊接。

表 1-12 焊接电流、电弧电压与焊丝直径三者的应用关系

焊丝直径/mm	0.5	0.6	0.8	1.0	1.2	1.2	1.6	1.6	2.0	2.5	3.0
焊接电流/A	30～60	35～70	50～100	70～120	90～150	160～350	140～200	200～500	200～600	300～700	500～800
电弧电压/V	16～18	17～19	18～21	19～22	20～23	25～35	21～24	26～40	26～40	28～42	32～44
电弧长短	短弧	短弧	短弧	短弧	短弧	长弧	短弧	长弧	长弧	长弧	长弧

3. 电弧电压

电弧电压的大小取决于电弧的长度并决定熔滴过渡的形式。短路过渡是电弧较稳定的焊接方式。短路过渡的条件是弧长较短,电弧电压较低。图1-27为短路过渡焊接时适用的电弧电压和焊接电流范围。当电弧电压过高,高于最佳范围的上限时,会使短路过渡受到破坏,转成滴状过渡。大熔滴过渡会产生很大的飞溅,使电弧不稳定。当电弧电压小于该范围下限时,熔滴过渡形成的短路小桥不易被拉断,容易产生焊丝固体短路,导致产生很大的飞溅,甚至使固体焊丝成段状飞溅。因此,电弧电压是 CO_2 焊的重要参数,直接影响着焊接电弧的稳定性、飞溅量的大小和熔滴过渡形式。

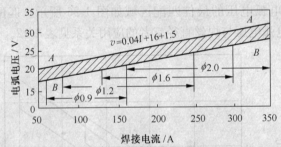

图 1-27 短路过渡焊接时适用的电弧电压和焊接电流范围

电弧电压另一个重要的作用就是决定着焊缝的形状参数。如图 1-28 所示,电弧电压越高,电弧笼罩的范围就越大,所以,焊缝的熔化宽度 B 增大,而熔深 H 和余高 h 也会相应地减小。

电弧电压反映了电弧长度。电弧电压过高,实际弧长就过大,而焊枪喷嘴到焊件之间的距离过大,CO_2 气体的保护效果变差,焊接时极易出现气孔。

4. 焊接速度

焊接速度直接影响焊缝成形,如图 1-28 所示。当其他焊接参数稳定不变时,焊接速度增加,会使焊缝的熔深、熔宽和余高均减小。反之,焊接速度变慢,会使焊缝的熔深、熔宽和余高均增加。

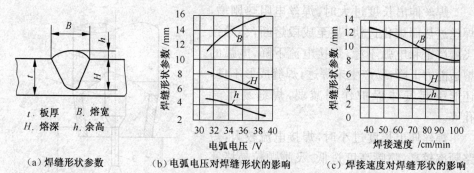

t. 板厚　B. 熔宽
H. 熔深　h. 余高

（a）焊缝形状参数　　　（b）电弧电压对焊缝形状的影响　　（c）焊接速度对焊缝形状的影响

图 1-28　焊缝形状与电弧电压及焊接速度的关系

　　焊接速度不当，会造成焊接缺陷。焊接速度过快，使填充金属来不及填满边缘被熔化处，因此，会产生焊缝两侧边缘处咬边的缺陷。焊接速度过低，熔池中的液态金属会溢出，流到电弧移动的前面，当电弧移动到此处时，电弧便在液态金属的表面上燃烧，使焊缝熔合不良，形成未焊透的缺陷。

5. 气体流量

　　CO_2 气体流量的大小直接关系到保护气罩的挺度，从而决定着气罩的保护范围（平均保护直径），如图 1-29 所示。

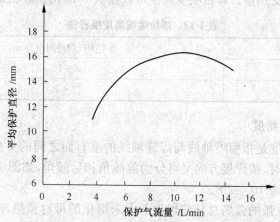

图 1-29　CO_2 气体流量对气罩保护范围的影响

　　气体流量太小时，保护气体挺度不足，保护效果差，易产生气孔；气体流量过大时，会将外界空气卷入焊接区，降低保护效果。当焊接电流较大、焊接速度较快、焊丝伸出长度较长时，气体流量应适当加大。通常，细丝小电流短路过渡时，气体流量在 5～15L/min 之间；粗丝大电流颗粒过渡自动焊时，气体流量在 15～25L/min 之间。

6. 焊丝伸出长度

　　焊丝伸出长度也称为干伸长度，是指焊丝从导电嘴端口伸出到焊丝末端电弧斑点的长度，如图 1-30 所示。

焊丝伸出长度过大时,焊丝电阻热剧增,焊丝过热而熔化过快,甚至成段熔断,会导致飞溅严重和电弧不稳,焊接电流下降,电弧的熔透能力下降,易产生未焊透,焊缝成形不良,还能引起气体保护作用减弱,焊缝易生气孔等。

焊丝伸出长度过小时,焊接电流较大,短路频率较高,喷嘴高度过低,飞溅颗粒易堵塞喷嘴,使气流紊乱,保护作用下降。

根据生产经验,合适的焊丝干伸出长度为焊丝直径的十倍左右,一般在 $5\sim15mm$ 范围内,很少超过 20mm。

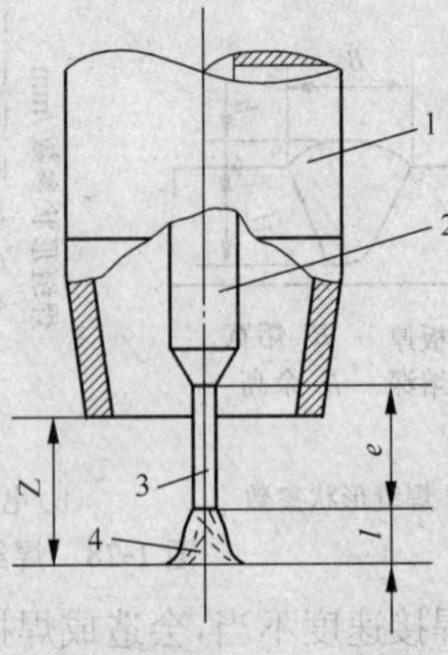

图 1-30 气体保护焊的焊丝伸出长度
1. 喷嘴 2. 导电嘴 3. 焊丝 4. 电弧
l—弧长 e—伸出长 Z—喷嘴高

7. 焊枪喷嘴高度

焊枪喷嘴高度是指焊枪喷嘴端面到焊件表面的距离。由于导电嘴内缩,焊接时测量焊丝的伸出长度较难,实际操作时是用导电嘴与焊件之间的距离代替。焊工可以根据这一点,用焊枪高度调节焊丝伸出长度及焊件的受热量。焊枪喷嘴高度可以按表 1-13 的推荐值来选取。

表 1-13　焊枪喷嘴高度推荐值

焊接电流/A	导电嘴—焊件间距/mm
<250	6~15
≥250	15~25

8. 焊枪倾斜角度

焊枪倾斜角度是指喷嘴轴线与焊缝轴线的垂直面之间的夹角。具有倾斜角度的焊枪在施焊时,按焊接方向又可分为前倾角和后倾角,如图 1-31 所示。一般焊枪的倾斜角度为 $10°\sim20°$。

焊枪前倾,电弧的弧焰总是使焊件前方未熔化的母材预热,消耗一部分电弧热量,另外,电弧吹力使一部分已熔化的液态金属排挤到电弧前方,从而使焊缝获得较大的熔宽,而熔深就变得较浅,故焊缝成形为宽而浅的焊缝,如图 1-31(c)所示。

反之,焊枪后倾,由于电弧始终指向熔池后方已熔化了的金属,电弧吹力使熔化金属排开,并继续深入熔化,所以,能够得到深而窄的焊缝,如图 1-31(d)所示。

9. 焊接回路电感

CO_2 焊使用的是直流弧焊电源,故回路电感亦称为直流电感。在电路里,电阻阻碍电流的作用始终都存在,并消耗电能,而电感只有在电流变化和波动的时

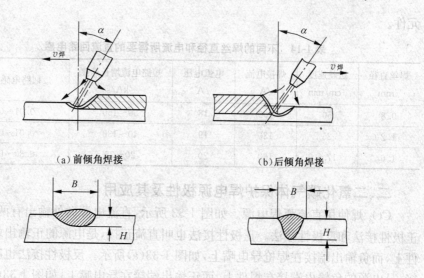

(a) 前倾角焊接　　　　　　　(b) 后倾角焊接

(c) 前倾角焊缝:浅而宽　　　　(d) 后倾角焊缝:深而窄

图 1-31　焊枪倾角及对焊缝影响

候才起阻碍作用,使电流趋向平稳,阻碍电流的变化,直到电流静止为止。电感不消耗电能。

如图 1-32 所示,焊接回路电感主要抑制焊接短路电流的上升速度和短路电流峰值。焊接回路电感由直流电抗器产生,串接在焊接电路里,可抑制不同的电流波动。电抗器 L 有几个抽头,调节范围为 $L_1 \sim L_3$。

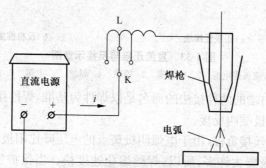

图 1-32　串联电感的焊接回路
L—电感　K—转换开关

直流电感 L 可以使短路电流缓慢增加,使峰值不会太高。这样,就使电流变化趋于平稳。由于电感的作用,电弧的稳定性提高。因此,增大电感,焊接飞溅会明显下降。

回路电感 L 对于细丝 CO_2 焊接的短路过渡确实很重要,表 1-14 给出了不同直径焊丝焊接时焊接回路所需的直流电感值的范围。对于滴状过渡的 CO_2 焊接来说,回路电感对抑制飞溅的作用不大,一般可不要求在焊接回路中串接电感元件。

表 1-14　不同的焊丝直径和电流所需要的直流回路电感

焊丝直径 /mm	送丝速度 /cm/min	焊接电流 /A	电弧电压 /A	短路电流增长速度 /kA/s	回路电感 /mH
0.8	50	100	18	50～150	0.01～0.08
1.2	25	130	19	40～130	0.01～0.16
1.6	17.5	160	20	20～75	0.30～0.70

二、二氧化碳气体保护焊电源极性及其应用

CO_2 焊使用直流弧焊电源。如图 1-33 所示,直流电源向外输出有两种方法:正极性接法和反极性接法。正极性接法也叫直流正接,是电源的正输出端接在焊件上,而负输出端接在焊枪导电嘴上,如图 1-33(a)所示。反极性接法也叫直流反接,是电源的负输出端接在焊件上,而正输出端接在导电嘴上,如图 1-33(b)所示。

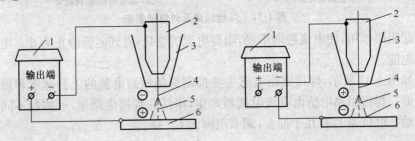

（a）正极性接法　　　　　　　　（b）反极性接法

图 1-33　直流正接与反接示意图

1. 直流弧焊电源　2. 导电嘴　3. 喷嘴　4. 焊丝　5. 电弧　6. 焊件

直流电源输出端的两种接法的命名是以焊件为基准,焊件接电源正极端叫正接,焊件接电源负极端叫反接。

直流正接,焊丝接负极,由于电弧阴极斑点的电压降比阳极大许多,阴极产生的热量也就比阳极要大许多,所以,焊丝熔化速度快。当保护气体为纯 CO_2 时,正极性接法的焊丝熔化速度大约是反极性接法的 1.8 倍,而保护气体为混合气体时,随 Ar 含量的增大,倍数会从 1.8 倍逐渐下降,最低为 1.4 倍,正好适合堆焊和铸件焊补的需要,所以,堆焊和铸件焊补及大电流的 CO_2 高速焊接采用正极性接法。

在正极性接法中,焊丝末端作为电弧的负极,受到电弧空间较大的带电质点(正离子)的撞击,熔滴过渡受到阻碍,熔滴受横向分力的作用产生非轴向过渡,电弧的稳定性变差,焊接的飞溅也比反极性接法大得多。也正是这个原因,一般

CO_2 焊都采用反极性接法,而不用正极性接法。

第五节　二氧化碳气体保护焊焊接外观缺陷和焊缝外观质量检查

一、二氧化碳气体保护焊焊接缺陷的种类及危害

1. 焊接缺陷的种类

焊接缺欠指焊接过程中在焊接接头中产生金属的不连续、不致密和连接不良的现象。超过规定限值的焊接缺欠称为焊接缺陷。

在《金属熔化焊接头缺欠分类及说明》(GB/T 6417.1—2005)和《金属压力焊接头缺欠分类及说明》(GB/T 6417.2—2005)中将焊接缺欠分为六大类:第一类为裂纹、第二类为孔穴、第三类为固体夹杂、第四类为未熔合和未焊透、第五类为形状和尺寸不良、第六类为其他缺欠。

根据焊接缺陷在焊接接头中的位置,焊接缺陷可分为外部缺陷和内部缺陷。外部缺陷位于焊接接头的表面,用肉眼或低倍放大镜可以观察、检测出来。例如,焊缝尺寸偏差、焊瘤、咬边、弧坑、表面气孔及裂纹等。内部缺陷位于焊接接头的内部,通常必须借助检测仪器或破坏性试验才能发现。例如,未焊透、未熔合、气孔、裂纹及夹渣等。

2. 焊接缺陷的危害

(1) 裂纹的危害　裂纹是指在焊接应力及其他致脆因素共同作用下,焊接接头中局部区域的金属原子结合力遭到破坏而形成新界面所产生的缝隙。裂纹是最危险的焊接缺陷,裂纹末端的尖锐缺口大小和长宽比的特征将引起严重的应力集中,严重地影响着焊接结构的使用性能和安全可靠性。

(2) 气孔的危害　气孔是焊接时熔池中的气泡在凝固时未能逸出而残留下来所形成的空穴。气孔可分为密集气孔、条虫状气孔和针状气孔。CO_2 焊产生的气孔有三类:氢气孔、一氧化碳气孔和氮气孔。采用含锰(Mn)、硅(Si)脱氧元素多的 CO_2 焊焊丝,产生 CO 气孔的可能性很小。由于保护气体 CO_2 有氧化性,CO_2 焊的焊缝含氢量很低,产生氢气孔的可能性不大。氮来源于空气,CO_2 焊时,CO_2 气体流量太小或太大、喷嘴与工件距离过大、喷嘴被飞溅物堵塞、焊接场地有侧向风等原因造成 CO_2 焊时机械保护差,则容易产生氮气孔。

气孔会减少焊缝受力的有效截面积,降低焊缝的承载能力,破坏焊缝金属的致密性和连续性,容易造成泄漏。条虫状气孔和针状气孔比圆形气孔危害性更大,在这种气孔的边缘有可能发生应力集中,致使焊缝的塑性降低。因此,在重要的焊件中,应严格控制气孔的产生。

（3）夹渣的危害 夹渣是指焊后残留在焊缝中的焊渣，如图 1-34 所示。夹渣与夹杂物不同，夹杂物是由于焊接时冶金反应产生的，焊后残留在焊缝金属中的非金属杂质，如氧化物、硫化物、硅酸盐等。夹杂物尺寸很小，呈分散分布。夹渣一般尺寸较大，常为一毫米至几毫米长。夹渣在金相试样磨片上可直接观察到，用射线探伤也可检查出来。焊接标准对夹渣的尺寸和数量有详细规定，不允许有表面夹渣。

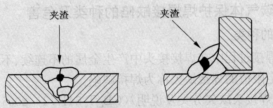

图 1-34 夹渣

夹渣外形很不规则，大小相差也极悬殊，对接头性能影响比较严重。夹渣会降低焊接接头的塑性和韧性；夹渣的尖角处，易造成应力集中；特别是对于淬火倾向较大的焊缝金属，容易在夹渣尖角处产生很大的内应力而形成焊接裂纹。

（4）未熔合与未焊透的危害 未熔合是指熔焊时焊道与母材之间或焊道与焊道之间未完全熔化结合的部分；电阻点焊指母材与母材之间未完全熔化结合的部分，如图 1-35 所示。

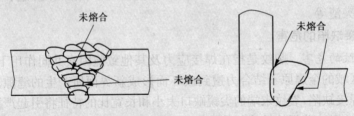

图 1-35 未熔合

未焊透是指焊接时接头根部未完全熔透的现象，对焊焊缝也指焊缝深度未达到设计要求的现象，如图 1-36 所示。

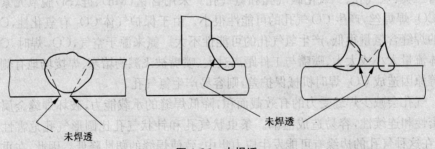

图 1-36 未焊透

未熔合不仅使焊接接头的机械性能降低,而且在未熔合处的缺口和端部形成应力集中点,承载后会引起裂纹。未焊透常出现在单面焊的根部和双面焊的中部。未焊透产生的危害大致与未熔合相同。

(5)形状和尺寸不良的危害　形状和尺寸不良是焊缝的外观缺陷,主要表现为焊缝的尺寸不符合要求。如果焊缝尺寸不符合要求,其内部质量再好也认为该焊缝不合格。对焊缝尺寸的要求主要有以下几个指标:余高、宽度、背面余高、焊缝直线度、焊脚高。

①余高过高和不足。如图 1-37 所示,余高是指超出表面焊趾连线以上的焊缝金属高度。对接焊缝的余高标准为 0～4mm。余高过高会造成接头截面的突变,在焊趾处产生应力集中,降低焊接接头的承载能力;余高不足会使焊缝的有效截面积减小,同样也会使承载能力降低。

②焊缝宽度过大和过小。焊缝宽度是指焊缝表面两焊趾之间的距离,图1-38所示。标准焊缝的宽度比母材坡口宽 1～5mm。焊缝宽度过大时,母材热影响区变宽,降低接头性能,浪费焊接材料并增加产生焊接缺陷的机会;焊缝宽度过小,焊缝与坡口边缘熔合不足,降低焊缝有效截面,易产生应力集中从而降低接头性能。

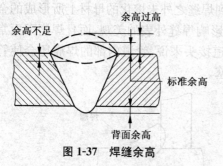

图 1-37　焊缝余高

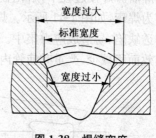

图 1-38　焊缝宽度

③焊缝直线度。焊缝直线度是指焊缝中心线偏离直线的距离。不开坡口的对接焊缝标准要求不大于 2mm。焊缝不直容易造成未焊透等缺陷,降低焊接接头的承载能力且不美观。

④焊脚过大或过小。焊脚是指角焊缝上某一面上的焊趾与另一面的垂直距离,如图 1-39 所示。焊脚一般要求等于两构件中薄件的厚度,锅炉和压力容器管板焊缝要求为管壁的厚度 t(3～6mm)。焊脚过大会增大变形和加大焊接应力且浪费材料;焊脚过小则使焊缝强度不够,影响结构的承载能力。

(6)其他缺欠的危害

①咬边。由于焊接参数选择不当,或操作工艺不正确,沿焊趾的母材部位产生的沟槽或凹陷即为咬边,如图 1-40 所示。标准规定咬边深度不得超过 0.5mm,累计长度不大于焊缝长度的 10%。

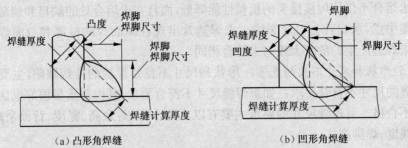

(a) 凸形角焊缝 (b) 凹形角焊缝

图 1-39 焊缝厚度及焊脚

咬边使母材金属的有效截面减少,减弱了焊接接头的强度,同时在咬边处易引起应力集中,承载后有可能在咬边处产生裂纹,甚至引起结构的破坏。

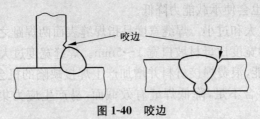

图 1-40 咬边

②焊瘤。焊接过程中,熔化金属流淌到焊缝之外未熔化的母材上所形成的金属瘤即为焊瘤,如图 1-41 所示。焊瘤不仅影响焊缝外表的美观,而且焊瘤下面常有未焊透缺陷,易造成应力集中。对于管道接头来说,管道内部的焊瘤还会使管内的有效面积减少,严重时使管内产生堵塞。

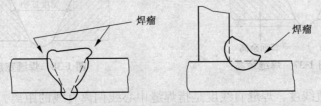

图 1-41 焊瘤

③下塌和烧穿。单面熔化焊时由于焊接工艺不当,造成焊缝金属过量透过背面,而使焊缝正面塌陷、背面突起的现象称为下塌。焊接过程中熔化金属自坡口背面流出,形成穿孔的缺陷称为烧穿。下塌和烧穿如图 1-42 所示。

烧穿在 CO_2 焊中,尤其是在焊接薄板时,是一种常见的缺陷。烧穿是一种不允许存在的焊接缺陷。

④凹坑。如图 1-43 所示,焊后在焊缝表面或焊缝背面形成低于母材表面的局部低洼部分称为凹坑。弧坑是凹坑的一种,是指焊缝结尾处产生的凹陷现象。

弧坑是一种不允许的焊接缺陷,焊接时必须避免。弧坑不仅会降低焊缝的有效截面,而且会由于弧坑部位未填满熔化的焊缝金属,使熔池反应不充分,易造成严重的偏析而伴生弧坑裂纹。另外弧坑处往往保护不良,熔池易氧化而降低弧坑部位焊缝金属的机械性能。

图 1-42　烧穿和下塌　　　　　　图 1-43　弧坑和弧坑裂纹

⑤飞溅。焊接过程中向周围飞散的金属颗粒称为飞溅。较严重的飞溅成为焊接缺陷。CO_2焊接的飞溅是不可避免的,飞溅量在 10% 以内是允许的。如果焊接飞溅量超过 10% 则应视为焊接缺陷。

飞溅污染焊缝表面,浪费焊丝材料,提高焊接成本,还要耗费清理焊缝的工时。飞溅堵塞喷嘴,使气体保护质量下降,可进一步引起气孔的产生。对于不锈钢等要求耐腐蚀的焊接结构,飞溅缺陷会降低抗晶间腐蚀的性能。

二、二氧化碳气体保护焊焊缝外观缺陷的检查

外观检查是一种常用的、简单的检验方法。对焊缝外观检查一般用目测;裂纹检查应使用 5 倍放大镜并在合适的光照条件下进行,必要时可采用磁粉探伤或渗透探伤;尺寸测量应使用焊口检测尺、样板或通用量具。所有焊缝应冷却到环境温度后才能进行外观检查。一般钢材的焊缝应以焊接完成 24h 后的检查结果作为验收依据,由于低合金结构钢焊缝的延迟裂纹延迟时间较长,对于某些低合金结构钢(Ⅳ类钢)应以焊接完成后 48h 的检查结果作为验收依据。

在外观检查前应先清除表面焊渣和氧化皮,必要时可做酸洗。外观检查的主要目的是把焊接缺陷消灭在焊接的过程中,所以,从定位焊开始每焊一层都要进行外观检查。

焊口检测尺是一种常用的焊缝外观尺寸检测工具。通常用焊口检测尺来测量焊件焊前的坡口角度、对口间隙、错边以及焊后焊缝的余高、宽度和角焊缝的高度、厚度等。具体的检测方法如图 1-44 所示。

三、二氧化碳气体保护焊焊缝外观质量要求及外观缺陷返修

焊接质量是指焊缝或焊接接头在各种复杂环境工作中能满足某种使用性能要求的能力。焊接质量决定着产品的质量,是焊接结构在使用和运行中安全的基本保证。

1. 焊缝外观质量要求

《建筑钢结构焊接技术规程》(JGJ 81—2002)规定,焊缝外观质量应符合下列

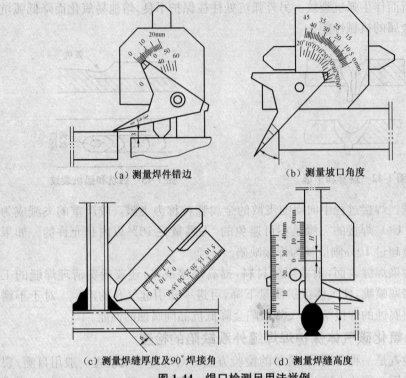

（a）测量焊件错边　　　　　　　　（b）测量坡口角度

（c）测量焊缝厚度及90°焊接角　　　（d）测量焊缝高度

图 1-44 焊口检测尺用法举例

要求：

①一级焊缝不得存在未焊满、根部收缩、咬边和接头不良等缺陷，一级焊缝和二级焊缝不得存在表面气孔、夹渣、裂纹和电弧擦伤等缺陷。

②二级焊缝、三级焊缝的外观质量除应符合上述要求外，还应满足表 1-15、1-16 和 1-17 的有关规定。

表 1-15 焊缝的外观质量允许偏差

焊缝质量等级　　检验项目	二　级	三　级
未 焊 满	$\leqslant 0.2+0.02t$ 且 $\leqslant 1$mm，每 100mm 长度焊缝内未焊满累积长度 $\leqslant 25$mm	$\leqslant 0.2+0.04t$ 且 $\leqslant 2$mm，每 100mm 长度焊缝内未焊满累积长度 $\leqslant 25$mm
根部收缩	$\leqslant 0.2+0.02t$ 且 $\leqslant 1$mm，长度不限	$\leqslant 0.2+0.04t$ 且 $\leqslant 2$mm，长度不限
咬 边	$\leqslant 0.05t$ 且 $\leqslant 0.5$mm，连续长度 $\leqslant 100$mm，且焊缝两侧咬边总长 $\leqslant 10\%$ 焊缝全长	$\leqslant 0.1t$ 且 $\leqslant 1$mm，长度不限

续表 1-15

焊缝质量等级 检验项目	二　级	三　级
裂　纹	不允许	允许存在长度≤5mm 的弧坑裂纹
电弧擦伤	不允许	允许存在个别电弧擦伤
接头不良	缺口深度≤0.05t 且≤0.5mm,每 1000mm 长度焊缝内不得超过 1 处	缺口深度≤0.1t 且≤1mm,每 1000mm 长度焊缝内不得超过 1 处
表面气孔	不允许	每 50mm 长度焊缝内允许存在直径<0.4t 且≤3mm 的气孔 2 个,孔距应≥6 倍孔径
表面夹渣	不允许	深≤0.2t,长≤0.5t 且≤20mm

表 1-16　焊缝的焊脚尺寸允许偏差

序号	项　目	示　意　图	允许偏差/mm
1	一般全焊透的角接与对接组合焊缝	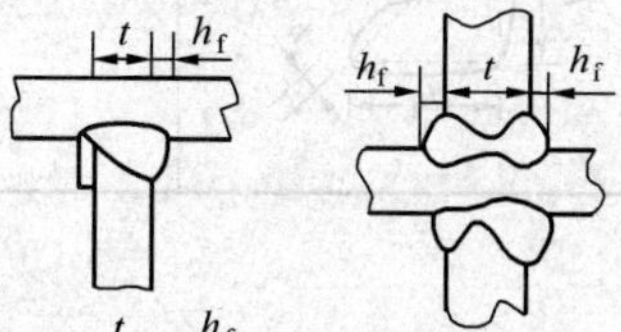	$h_f \geqslant (\frac{t}{4})^{+4}_{\ 0}$ 且≤10
2	需经疲劳验算的全焊透角接与对接组合焊缝	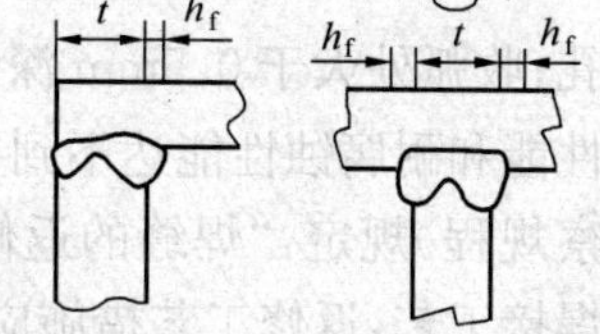	$h_f \geqslant (\frac{t}{2})^{+4}_{\ 0}$ 且≤10
3	角焊缝及部分焊透的角接与对接组合焊缝	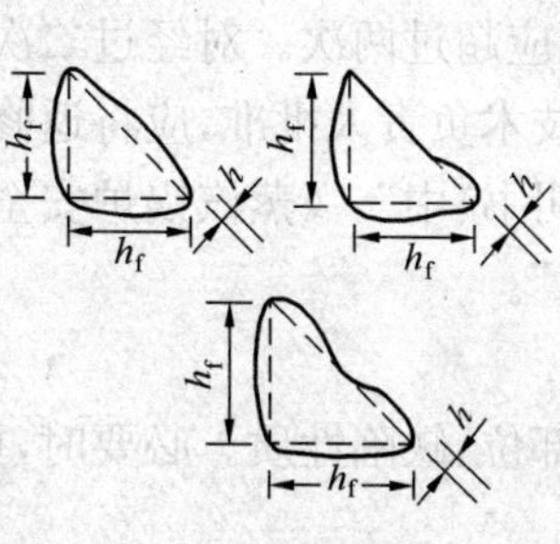	$h_f≤6$ 时, 0～1.5　$h_f>6$ 时, 0～3.0

注:1. $h_f>8.0$mm 的角焊缝其局部焊脚尺寸允许低于设计要求值 1.0mm,但总长度不得超过焊缝长度的 10%;

2. 焊接 H 形梁腹板与翼缘板的焊缝两端在其两倍翼缘板宽度范围内,焊缝的焊脚尺寸不得低于设计要求值。

表 1-17 焊缝的余高及错边允许偏差

序号	项 目	示 意 图	允许偏差/mm	
			一、二级	三级
1	对接焊缝余高(h)		$B<20$ 时,h 为 $0\sim3$;$B\geq20$ 时,h 为 $0\sim4$	$B<20$ 时,h 为 $0\sim3.5$;$B\geq20$ 时,h 为 $0\sim5$
2	对接焊缝错边(d)		$d<0.1t$ 且 ≤2.0	$d<0.15t$ 且 ≤3.0
3	角焊缝余高(h)		$h_f\leq6$ 时,h 为 $0\sim1.5$；$h_f>6$ 时,h 为 $0\sim3.0$	

2. 焊缝外观缺陷返修

焊缝表面存在裂纹、气孔;收弧处大于 0.5mm 深的气孔;深度大于 0.5mm 的咬边;以及焊接接头的力学性能和耐腐蚀性能达不到要求时,均应进行返修。

《压力容器安全技术监察规程》规定:"焊缝的返修工作应由考试合格的焊工担任,并采用经评定验证的焊接工艺,返修工艺措施应得到焊接技术人员的同意。同一部位的返修次数一般不应超过两次。对经过二次返修仍不合格的焊缝,如需再进行返修,需经制造单位技术负责人批准,应将返修的次数、部位和无损探伤等结果记入《压力容器质量证明书》中"。《蒸汽锅炉安全技术监察规程》规定:"同一位置上的返修不应超过三次"。

(1)返修前准备

①正确确定缺陷种类、部位、缺陷性质。必要时,可利用综合无损检验的方法对焊接缺陷定性定量分析。

②制定返修工艺。根据缺陷的性质制定有效的返修工艺。工艺包括:坡口的挖制;补焊方法的选择;焊接材料的选择;预热、后热及层间温度的控制;焊后热处理工艺参数;补焊次序、焊接参数、焊接质量检验方法及合格标准的确定等程序。

(2)返修操作方法及注意事项

①清除缺陷。根据材质、板厚、缺陷产生的部位、大小、种类等情况,选用碳弧气刨、手工铲磨、机械加工等方法对缺陷进行清除。

②采用碳弧气刨清除缺陷时应防止夹碳、夹铜等缺陷,并注意及时清除上述缺陷及氧化皮。对于屈服点较高的高强钢、珠光体耐热钢以及大壁厚的压力容器,当采用碳弧气刨时应进行预热,预热参数与该产品的预热参数应相同。

③补焊时采用多层多道焊,错开每层、每道焊缝的起始和收尾,焊后及时进行消除应力、去氢、改善焊缝组织等处理。

④返修后的焊缝表面应进行修磨,圆滑过渡,使其与原焊缝基本一致。

⑤要求焊后热处理的工件应在热处理前返修,如在热处理后还需返修,返修后应再做热处理。

⑥有抗晶间腐蚀要求的奥氏体不锈钢产品,返修后应保证其原有设计要求。

第六节 二氧化碳气体保护焊安全技术

一、二氧化碳气体保护焊过程中的有害因素和防护措施

焊接安全技术包括防火技术、防爆技术、安全用电技术、有害因素的防护技术等。焊接、切割工作中的有害因素大体有弧光、焊接烟尘、有害气体、射线、噪声、高频电磁场和热辐射等。CO_2 焊与焊条电弧焊相比较,臭氧、氮氧化物、一氧化碳等有害气体、电弧产生强烈的紫外线、金属飞溅烫伤、引起火灾等问题比较突出。

1. CO_2 焊产生的有害气体和烟尘及其防护措施

进行 CO_2 焊接时,在电弧周围和焊接区域产生的有害物质可分为两类。一类是有害气体,主要是二氧化碳(CO_2)、一氧化碳(CO)、二氧化氮(NO_2)和臭氧(O_3);另一类是烟尘,烟尘的主要成分是三氧化二铁(Fe_2O_3)、二氧化硅(SiO_2)和氧化锰(MnO)等。这些有害物质除了 CO_2 是为了保护电弧和熔池存在焊接区域周围之外,其余的有害物质都是从焊接电弧和焊接熔池中产生出来的。所以,离焊接电弧越近,有害物质的浓度就越高,焊接热输入越强,有害物质浓度就越大。

(1)CO_2 焊产生的有害气体对人体的影响

①CO_2 对人体的影响。正常的空气中,CO_2 的浓度为 0.0272%(容积百分比)。CO_2 虽然无毒,但空气中的浓度过高,对人体亦有害处。人若呼吸 CO_2 的浓度为 1% 的空气时,就会因供氧不足而感到头晕甚至头痛,当 CO_2 在空气中的浓度提高时,人会发生呼吸困难,当浓度大于 5% 时,人将呈昏迷状态,直至窒息死亡。动物在 CO_2 浓度为 11% 的空气里,经 60min 会全部死亡。

CO_2 焊产生的烟气在大气的稀释下浓度为 0.18%～0.31%。焊工在空气通

畅的空间作业是没有问题的。但是,在容器内或通风不畅的空间内作业,就要引起充分的注意,防止发生因焊接环境 CO_2 浓度提高引起焊工头晕、昏迷和窒息的情况。

②CO 对人体的影响。CO_2 焊时,因电弧的高温会使 CO_2 分解,产生 CO。同时,焊接熔池中的液态金属 Fe、Si、Mn 与 CO_2 的化学反应也生成 CO。

CO 对人体有害,毒性很大,空气中不含 CO。当 CO 通过人的呼吸道进入到肺以后,可经肺泡进入血液,CO 与血红蛋白的亲和力比 O_2 与血红蛋白的亲和力大 300 倍,从而将血红蛋白的氧夺走,生成碳氧血红蛋白,使血红蛋白丧失了携氧的功能,造成人体组织缺氧,产生 CO 中毒症状。CO 急性中毒时的临床表现如下:

轻度中毒。表现为头痛、头晕、眼花、耳鸣,并有恶心、呕吐、心悸、四肢无力等症状。脱离中毒现场,吸入新鲜空气,症状可迅速消失。

中度中毒。除轻度症状外,初期有多汗、烦躁、步态不稳、皮肤黏膜由苍白变樱红。可出现意识模糊,甚至昏迷的现象。及时抢救,可较快苏醒,数日可恢复,一般无并发症和后遗症。

重度中毒。除具有全部和部分中度中毒症状外,患者进入不同程度昏迷状态,可持续数小时或数日,可出现阵发性强直性痉挛和病理反射,常伴有脑水肿、心肌炎、肺水肿、高热或惊厥等症状。

③臭氧(O_3)对人体的影响。焊接区域的臭氧是高温光化学反应的产物。在电弧紫外线的作用下,空气中的氧分子发生分解,成为氧原子,这些氧原子和氧分子相互撞击结合,成为臭氧分子。臭氧是一种浅蓝色、有刺激性腥臭味的气体。当空气中的含量为 $0.01mg/m^3$ 时,便可嗅到。

臭氧是极强的氧化剂,易使各种物质起化学反应。如橡皮和棉织物的老化、导气胶管变脆开裂等。臭氧被人体吸入后,刺激呼吸系统和神经系统,产生胸闷、咳嗽、头晕、全身无力、食欲不佳等症状,严重时会发生肺水肿、支气管炎等病症。

④氮氧化物对人体的影响。在电弧的高温作用下,空气中的氮分子被氧化生成 NO(一氧化氮)。NO 并不稳定,遇到光和热后会继续氧化生成稳定的 NO_2(二氧化氮)。NO_2 为红褐色的气体,密度为 1.539,比空气的密度大。

二氧化氮气体遇水可变成硝酸或亚硝酸,有强烈的刺激作用。人体吸入 NO_2后,可引起急性哮喘病症,产生肺水肿。长期作用可引起神经衰弱症和慢性呼吸道炎症。一般情况下,CO_2 焊接时,呼吸带的 NO_2 浓度小于最高允许浓度($5mg/m^3$),为 $1\sim3mg/m^3$。通风条件不好时,浓度可能会增大。

(2)焊接烟尘对人体的影响　CO_2 焊接烟尘是在电弧的高温作用下,被焊金属、焊丝金属、熔池液态金属的氧化物蒸发、升华的物质凝结而生成浮游的微小粒子,形成焊接烟尘。

CO_2 焊接烟尘的成分,主要是 Fe_2O_3、SiO_2 和 MnO 等。对于药芯焊丝,还有一些与焊药渣有关的化学成分。焊接烟尘对人体危害程度与烟尘的粒度有关,粒度在 $0.5\mu m$ 以下的烟尘颗粒,可随呼吸进入人体肺内,沉着在末端的肺泡上,对人形成危害。焊接烟尘对人体的危害包括:焊工尘肺、锰中毒、金属烟热。

①焊工尘肺。焊工尘肺就是有害气体和烟尘的吸入量超过一定值,引起肺组织弥漫性、纤维性病变所致的疾病。

焊工尘肺的发病一般都比较缓慢,多在接触焊接烟尘后 10 年,有的长达10~20 年以上。焊工尘肺是由于长期吸入氧化铁、二氧化硅、硅酸盐、臭氧、氮氧化物等混合性烟尘和有毒气体所致。其主要症状发生在呼吸系统,如气短、咳痰、胸闷和胸痛等。部分尘肺患者可呈无力、食欲减退、体重减轻以及神经衰弱综合症,同时对肺功能也有影响。

②锰中毒。锰中毒主要是由锰的化合物引起的。锰蒸气在空气中能很快氧化成灰色的一氧化锰及棕红色的四氧化三锰烟雾,长期吸入超过允许浓度的锰及其化合物的微粒和蒸气,则可引起职业性锰中毒。

焊接作业时,呼吸道是机体吸收锰的主要途径。锰及其化合物主要作用于末梢神经系统和中枢神经系统,能引起严重的器质性病变。焊工锰中毒发生在使用高锰焊接材料和高锰钢的焊接中。锰中毒起病缓慢,发病工龄一般为 2 年以上。锰中毒早期表现为疲劳、头痛、头晕、瞌睡、记忆差以及自主神经功能紊乱,如舌、眼睑和手指细微震颤,转身、下蹲困难等。

锰的粉尘分散度大,烟尘直径微小,能迅速扩散。因此,在露天或通风良好场所,不易形成高浓度状态。但焊工长期吸入,尤其在容器及管道内施焊时,如防护措施不好,则有可能发生锰中毒。作业场所空气中锰浓度国家卫生标准为 $0.2mg/m^3$。

③金属烟热。焊接金属烟尘中的氧化铁、氧化锰微粒和氟化物等物质容易通过上呼吸道进入末梢细支气管和肺泡,再进入人体内,引起焊工金属烟热反应。其主要症状是工作后寒战,继之发烧、倦息、口内金属味、恶心、喉痒、呼吸困难、胸痛、食欲不振等。

(3)CO_2 焊对有害气体和烟尘的防护措施 由于以 CO_2 气体作为保护介质替代焊条的药皮,大大降低了焊接烟尘的浓度,但 CO_2 焊产生的有害气体臭氧、氮氧化物、一氧化碳的浓度较高成为主要的有害因素之一。CO_2 焊对有害气体和烟尘的防护措施包括通风技术措施、工艺技术措施、采取管理措施和个人防护措施等方面。

①通风技术措施。全面通风包括自然通风和机械通风两大类。对于焊接车间或焊接量大、作业集中和作业不能固定的工作场所应采用全面通风措施,以保证车间和作业场所环境中的有害物质浓度符合国家卫生标准的要求。

全面通风是作业场所的基本卫生要求。焊接作业全面通风一般采用全面机械通风方式,即借助于机械通风实现。通风方法以上送下排气流组织形式效果为好,但冬季需注意车间采暖问题。

除设计焊接车间厂房时要考虑全面通风措施外,一般还要采取局部通风的措施。局部通风是消除焊接烟尘、有毒气体危害和改善焊接劳动条件的重要安全技术措施。局部通风系统主要由排烟罩、风道、除尘或净化装置以及风机组成。局部通风应按控制电弧附近的风速来考虑,风速过大会破坏 CO_2 气体的保护效果。一般设计吸尘罩控制点的控制风速为 0.5～1.0m/s。使用排烟罩时,应同时安装净化过滤设备或与整体通风净化系统结合起来,否则只是将有害气体"搬家",仍然会污染车间、厂房的环境空气。

②工艺技术措施。改革工艺,使焊接作业实现机械化、自动化,不仅能减少焊接工作人员接触尘毒的机会,改善劳动卫生条件,使之符合职业卫生要求,而且还可以减轻劳动强度和提高劳动生产率。

③管理措施。加强焊接安全卫生管理是预防职业病危害的重要措施。如焊接防尘防毒通风技术设施不得随意搬迁或停用;室外露天作业注意作业场所的空气流动方向,合理组织焊接作业点布局;加强焊接作业人员对各种防护设施及个人防护用品正确使用和穿戴的培训教育和管理措施等。

④个人防护措施。焊接作业除穿戴一般防护用品外,针对特殊作业场合,还可以佩戴通风焊帽(用于密闭容器和不易解决通风的特殊作业场所的焊接作业),防止烟尘危害。对于剧毒场所焊接作业,可佩戴隔绝式氧气呼吸器,防止急性职业中毒事故的发生。

2. CO_2 电弧产生强烈的紫外线辐射及其防护措施

(1)电光性眼炎 CO_2 电弧产生强烈的紫外线辐射。皮肤在紫外线的反复照射下会变黑、变厚,以保护深层不受危害。但是眼睛反复受弧光照射,眼角膜、结膜并不能增强防护能力,会使眼睛受伤。人的眼睛受紫外线过度照射所引起的眼角膜、结膜炎症称为电光性眼炎。弧光紫外线对眼睛的损害,与照射时间成正比,与眼睛距电弧的距离平方成反比。如眼睛距电弧在 1m 以内时,无防护,几秒钟的弧光照射,就会产生电光性眼炎。紫外线对眼睛的损害还与弧光的入射角有关,弧光与眼角膜成直角照射时,损伤作用最大,偏斜角度越大,其有害作用越小。

电光性眼炎有一定的潜伏期,潜伏期可短至 30min 左右,最长的不过 24h。一般在 6～8h 便可发作。

轻症电光性眼炎仅眼部有异物感或轻度不适,部分症状 12～18h 可自行消退,1～2 天可康复。重症电光性眼炎眼部有烧灼感和剧痛并怕光、流泪,有的还流清鼻涕,如重伤风症状。检查可见眼球充血、结膜水肿、瞳孔缩小、眼睑皮肤呈现红色、有水泡形成。重症可持续 3～5 天。

(2)电光性眼炎的预防措施　电光性眼炎预防有以下措施：

①焊工需戴电焊面罩，辅助工人需戴护目镜。

②焊接位置与相邻工位应设防护屏风，屏风的颜色以灰黑色为宜，高度应在 1.8m 以上。

③焊接工位应有充分亮度的照明。

④对新工人要进行保护眼睛的安全教育。

⑤电焊操作区应设明显标志，非焊工不得入内，不得用裸眼观看电弧。

3. 金属飞溅引起烫伤、火灾及其防护措施

(1)金属飞溅引起烫伤、火灾　CO_2 焊的金属飞溅比其他电弧焊接要大得多，这是因为 CO_2 气体在电弧的高温作用下要发生分解，体积膨胀，加剧了熔化金属的飞溅。如果焊接热输入使用不合适或焊接操作方法不当，焊接飞溅会更大。

CO_2 焊金属飞溅严重时容易引起焊工皮肤被烫伤。如防范不好，焊工的手、脚、头发、面部、颈部等部位都有可能被烫伤，还会因焊工突然受烫，精神紧张，把持不稳，影响到正在施焊的焊缝的质量。

焊接飞溅的火花是可能发生火灾的火种，各地因焊接火花引起的火灾屡见不鲜。焊接位置越处于高处，金属飞溅的范围越大，防范焊接火花可能引发火灾的区域就应更大。

(2)金属飞溅引起烫伤、火灾的防护措施

①进行 CO_2 焊一要防范金属飞溅烫伤皮肤。穿好白色帆布工作服，戴好手套，选用合适的焊接面罩。

②及时消灭金属飞溅可能产生引起火灾的火种。一般焊接现场不应存放易燃易爆品。在高处焊割作业时，在下方地面周围 10m 内禁止堆放易燃、易爆物品和停留人员。在焊割过程中应设专人监护并备有消防器材。

③CO_2 气瓶应远离电弧和其他热源，避免太阳暴晒，严禁对气瓶强烈撞击，以免引起爆炸。

二、二氧化碳气体保护焊焊工个人防护

1. 防护服装

CO_2 焊施焊时应穿全套的防护服，即白色的帆布工作服，包括工作帽、工作服、电焊手套和绝缘隔热工作鞋。穿工作服时一定要把袖子和衣领扣扣好。工作服不应有口袋，并不应系在工作裤里边。

焊工必须戴防护手套。手套要求耐磨、耐辐射热、不易燃和绝缘性能良好，最好采用牛(猪)绒面革制手套。在可能导电的场所工作时，所戴手套应经耐电压3000V 实验，合格后方能使用。焊工的手套应符合国家有关标准。

　　焊工必须穿绝缘胶鞋。工作鞋要求耐热、不易燃、耐磨、防滑的高筒绝缘鞋,耐高压需在 5000V 时保持 2min 不击穿。一般可穿戴翻毛皮面、黏胶底或橡胶底的工作鞋。鞋底不得有鞋钉。在有积水的地面作业时,焊工应穿经过6000V 耐压实验合格的防水橡胶鞋。工作鞋鞋底耐热需在 200℃ 以上温度保持 15min。

　　在飞溅强烈的场地,除穿工作鞋外,还应戴鞋盖,鞋盖最好用帆布或皮革制成,防止飞溅物烫伤脚部。

2. 电焊面罩

　　CO_2 焊施焊时,必须使用电焊面罩。面罩的护目镜片可将紫外线、红外线有效地吸收,能可靠地保护眼睛和面部皮肤。常用的电焊面罩有手持式和头戴式两种。电焊面罩护目镜片各有不同的深度,以号数标示,小号适用于小电流弧光,大号适用于大电流弧光。GB 3609.1—1994 规定,焊接滤光镜片共分 19 个序列号,按照焊接电流强度选用,见表 1-18。

表 1-18　国产护目镜的牌号及用途

玻璃牌号	颜色深浅	用　　途
12	最暗	供电流大于 350A 的焊接用
11	中等	供电流大于 100~350A 的焊接用
10	最浅	供电流小于 100A 的焊接用

　　目前,可自动变光的电焊面罩已经开始使用。这种面罩不焊接时,护目镜片透明,而有弧光时,液晶的护目镜片立刻变为不透紫外线和红外线的防护镜,能保护眼睛,有效地防止弧光紫外线对眼睛的伤害。

3. 防尘口罩或送风盔式面罩

　　在整体或局部通风不能使烟尘浓度降低到卫生标准以下的场所作业时,焊工施焊时必须佩戴合适的防尘口罩或送风盔式面罩。

　　防尘口罩分为过滤式和隔离式两大类。每类又分自吸式和送风式两种。过滤式防尘口罩是通过过滤介质,将粉尘过滤干净。隔离式防尘口罩是将人的呼吸道与作业环境隔离,通过导管或压缩空气将干净空气送入口鼻供人呼吸。防尘口罩要求阻尘效果好,呼吸畅通。

　　送风盔式面罩可分为顶送风式、下送风式以及风机内藏式,如图 1-45 所示。必须注意,风源应是经过净化的新鲜空气,不许用氧气来代替,以免发生燃烧爆炸事故。

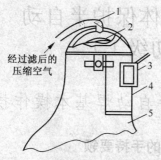

经过滤后的
压缩空气

（a）头箍式头盔（顶送风）

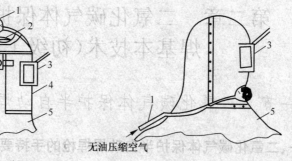

无油压缩空气

（b）肩托式头盔（下送风）

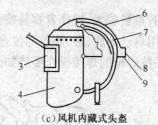

（c）风机内藏式头盔

图 1-45　送风盔式面罩

1. 进气管　2. 气流板　3. 滤光镜　4. 面罩　5. 防火布
6. 玻璃钢安全帽　7. 风道　8. 过滤器　9. 微型风机

第二章 二氧化碳气体保护半自动 焊基本技术(初级工)

第一节 二氧化碳气体保护半自动焊基本操作技术

一、二氧化碳气体保护半自动焊焊枪的手持要领

1. 焊枪的手持焊接姿势

CO_2 半自动焊焊枪连同软管重量较大,操作者容易疲劳,手臂持枪不稳,直接影响焊接质量。操作时可以利用自己的肩、腰、膝等部位,分担一部分焊枪软管的重量,尽量减少手臂的负担。手持焊枪的焊接操作姿势如图 2-1 所示。

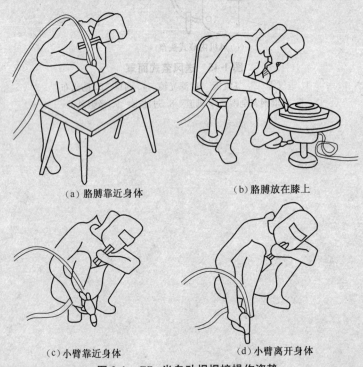

(a) 胳膊靠近身体　　　　　　(b) 胳膊放在膝上

(c) 小臂靠近身体　　　　　　(d) 小臂离开身体

图 2-1 CO_2 半自动焊焊接操作姿势

CO_2 半自动焊操作时,要右手握焊枪。焊枪要握得自然,不宜握得太紧,并用食指控制焊枪上的起动开关。操作时左手握着保护面罩。若是使用头戴式保护面罩,左手可以扶工作台或稳定的物体,使自己的焊姿更稳定。

2. 焊枪喷嘴距焊件的距离

CO_2 焊接时,焊枪的喷嘴与焊件应保持适当的距离。若距离过大,电弧不稳,

CO_2 气体保护不良,当喷嘴高度超过 30mm 时,焊缝中将产生气孔。若距离过小,喷嘴内外易黏附飞溅颗粒,同时遮挡操作者观察熔池和焊缝的视线。一般喷嘴与焊件的距离保持在 15～20mm 为宜。

二、二氧化碳气体保护半自动焊的操作方法

1. CO_2 焊右焊法与左焊法

CO_2 焊可以按照焊枪的移动方向(向左或向右)分为右焊法和左焊法,如图 2-2所示。

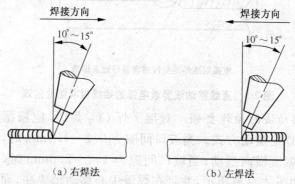

图 2-2　CO_2 焊右焊法和左焊法示意图

右焊法时,熔池的可见度及气体保护效果较好,但因焊丝直指熔池,电弧将熔池中的液态金属向后吹,容易造成余高和焊波过大,影响焊缝成形。并且焊接时喷嘴挡住待焊的焊缝,不便于观察焊缝的间隙,容易焊偏。

左焊法时,喷嘴不会挡住视线,能够清楚地看见焊缝,故不容易焊偏,并且熔池受到的电弧吹力小,能得到较大熔宽,焊缝成形美观。所以,左焊法应用比较普遍,是 CO_2 焊常用的焊接方法。但左焊法焊枪倾角不能过大,否则保护效果不好,容易产生气孔。

2. CO_2 气体保护焊焊枪的摆动方式

CO_2 焊焊枪的摆动方式有直线移动法和横向摆动法。

直线移动法主要用于薄板焊接和中厚板 V 形坡口的打底层焊接。这种方法焊出的焊道宽度较窄。

横向摆动法包括锯齿形、月牙形、正三角形、斜圆圈形等。锯齿形摆动方式主要用于根部间隙较小焊缝的焊接;月牙形摆动方式常用于厚板填充层及盖面层的焊接;正三角形和斜圆圈形摆动方式通常用于角接头和多层焊。横向摆动时,以手臂为主进行操作,手腕起辅助作用。摆动幅度不能太大,且左右摆幅要大体相同。

(1)直线移动法的操作要领　直线移动法要求焊枪移动速度要均匀一致,而且喷嘴与母材间的距离也要保持稳定。如果喷嘴与母材之间的间距波动大,则焊

丝伸出长度会产生变化、焊丝的熔化速度也会变化、熔深不均匀,导致焊缝外观也高低不平。

　　另外,电弧中心线要始终对准熔池前端,如图 2-3 所示。若电弧中心线保持在熔池后端,液态金属就会向前流淌而造成熔合不良,易产生未焊透缺陷。

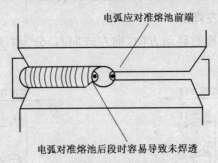

电弧应对准熔池前端

电弧对准熔池后段时容易导致未焊透

图 2-3　直线移动法要求电弧的始终对准熔池前端

　　(2)横向摆动法的操作要领　对接平焊 CO_2 焊时,应根据坡口间隙的大小采用不同的焊枪摆动方式。当坡口间隙为 $0.2\sim1.4mm$ 时,一般采用直线移动法或者小幅度横向摆动;当坡口间隙为 $1.2\sim2.0mm$ 时,采用锯齿形的小幅度摆动,如图 2-4(a)所示,并且在焊道中心移动稍快些,而在坡口两侧要停留大约 $0.5\sim1s$;当坡口间隙更大时,焊枪摆动方式在横向摆动的同时还要前后摆动,如图 2-4(b)所示。焊接平角焊缝时,为了使单道焊得到较大的焊脚尺寸,可以采用小电流、做前后摆动的方法。焊接船形焊角焊缝时,可以采用月牙形摆动的方法。

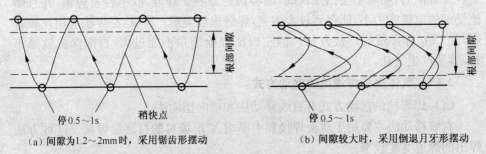

停 $0.5\sim1s$　　　稍快点

(a) 间隙为 $1.2\sim2mm$ 时,采用锯齿形摆动

停 $0.5\sim1s$

(b) 间隙较大时,采用倒退月牙形摆动

图 2-4　CO_2 气体保护焊焊枪摆动方式

三、二氧化碳气体保护半自动焊的引弧技术

1. CO_2 焊引弧的基本方法

　　CO_2 焊不采用划擦的引弧方法。引弧的过程如图 2-5 所示,引弧时不必抬起焊枪。具体操作步骤如下:

　　①引弧前必须将焊丝伸出长度调节适当,导电嘴至焊件间的距离为 10~

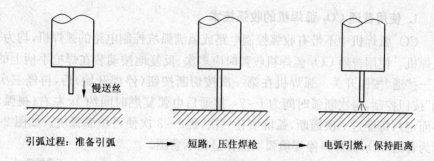

引弧过程：准备引弧 ——→ 短路，压住焊枪 ——→ 电弧引燃，保持距离

图 2-5 CO_2 气体保护焊引弧的过程

15mm。手持焊枪使焊丝末端距焊件 2～3mm，保持不动。

②按动焊枪柄上的开关，弧焊机将送气、通电、送丝。

③焊丝端头触及焊件，电弧引燃。

2. CO_2 焊引弧的注意事项

CO_2 焊引弧的关键是使焊丝与工件轻微接触，接触太紧或接触不良，均会引起焊丝烧断或长度过大，导致飞溅严重及起弧处熔深不足，CO_2 焊引弧应注意以下几点：

①如果焊丝端部有金属熔球，必须用钳子剪掉，否则易造成飞溅严重和起弧处焊缝缺陷，甚至难以实现可靠引弧，如图 2-6 所示。

②焊丝与工件接触后，焊枪有被焊丝顶起的趋势，因此要稍加用力向下压焊枪，防止电弧因拉长而熄灭。

③焊接重要焊缝时，最好加上引弧板，在引弧板上引弧。

④如果不能加引弧板，半自动焊时一般在离始焊端 10～20mm 处引弧，然后将电弧移向始焊端，如图2-7所示。

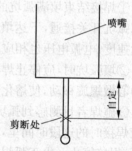

图 2-6 引弧前剪掉焊丝端部的金属熔球

⑤一般情况下，始焊端易出现焊道过高、熔深不足等缺陷。为避免这些缺陷，先将电弧稍微拉长一些，对该端部进行适当的预热，然后再压缩电弧至正常长度，进行正常焊接，以避免焊缝起弧处出现未焊透、熔透、气孔等缺陷。

四、二氧化碳气体保护半自动焊的收弧技术

CO_2 焊的收弧技术掌握不好，可能出现弧坑、焊丝与焊件黏连、焊丝与导电嘴焊在一起、焊丝末端出现球状端头（俗称小球）等问题。

1. 使用普通 CO_2 弧焊机的收弧技术

CO_2 弧焊机中不带有收弧控制电路或填满弧坑控制电路的弧焊机,均为普通弧焊机。使用普通 CO_2 弧焊机收弧时应多次、反复地按动装在焊枪手柄上的"切断—接通"按钮开关。弧焊机在第一次按切断按钮(停焊开始)后,再经三次"通断"按钮控制,每次断弧时间为 1～2s,接通后电弧复燃时间约 1s 左右(视弧坑大小而定),每经过一次通断,弧坑填补一次,经 2～3 次便可填满弧坑。如图 2-8 所示为普通 CO_2 弧焊机停焊填弧坑操作过程示意图。

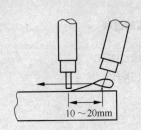

图 2-7　半自动焊在离始焊端
10～20mm 处引弧

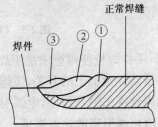

图 2-8　普通 CO_2 弧焊机停焊填弧坑
操作过程示意图

2. 使用带弧坑填充控制程序的 CO_2 弧焊机的收弧技术

①焊接结束填满弧坑的过程很简单。焊接即将结束时,应将焊枪上的焊接结束填弧坑开关接通,下达填弧坑指令,这时,焊接电流便下降约 30%,与此同时,送丝速度、电弧电压也相应下降,开始了填弧坑过程。

②填弧坑时,应停止焊枪的向前移动,同时操纵电弧沿熔池外边缘圆周逐渐向中心做螺旋移动,使熔化的熔滴逐步将弧坑填平。

③施焊者目测感到弧坑已填平时,将焊枪开关关断。待填弧坑程序的弧焊机结束焊接时的这段时间里,送丝渐停,电流逐渐下降,2～3s 延时时间到,电源被切断,焊接停止。由于弧焊机带弧坑填充控制程序,存在 2～3s 的延时,使焊丝不会在停止送丝时产生焊丝与焊件的黏连。同样在这一过程中,焊丝末端充分吸收了焊接电弧熄灭前的余热,熔化掉产生在焊丝端头的小球。

五、二氧化碳气体保护半自动焊焊缝的接头技术

焊缝的连接通常称为接头。焊缝的连接技术是焊接的基本技术之一。二氧化碳气体保护半自动焊焊缝的接头有两种接头方法:

1. 第一种接头方法

①直线移动法窄焊缝接头技术。如图 2-9(a)所示,引弧处选在原焊缝弧坑前 15～20mm 处,然后将电弧拉向弧坑中心,在弧坑里旋弧一周,当原焊缝的弧坑都熔化后,再开始按原焊缝的前进方向,以原焊缝成形参数为依据(熔宽、熔深和余高)进行正常焊接。

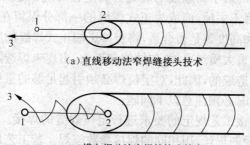

（a）直线移动法窄焊缝接头技术

（b）横向摆动法宽焊缝接头技术

图 2-9　运丝方式与焊缝的宽度

②横向摆动法宽焊缝接头技术。如图 2-9（b）所示，接续焊缝的引弧点，应选在原焊缝弧坑中心前方 15～20mm 处，引燃电弧后，将电弧直线拉向原焊缝弧坑中心，在原弧坑中旋弧一周，当弧坑充分熔化成熔池后，开始摆动焊丝，向前施焊。开始时摆幅较小，逐渐加大，按照原焊缝的熔宽、熔深和余高进行正常焊接。

2. 第二种接头方法

①将待焊接头处用磨光机打磨成斜面，如图 2-10 所示。

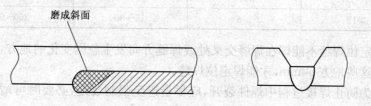

磨成斜面

图 2-10　接头处的准备

②在焊缝接头斜面顶部引弧，引燃电弧后，将电弧移至斜面底部，转一圈返回引弧处后再继续向左焊接，如图 2-11 所示。引燃电弧后向斜面底部移动时，要注意观察熔孔，若未形成熔孔则接头处背面焊不透；若熔孔太小，则接头处背面产生缩颈；若熔孔太大，则背面焊缝太宽或焊漏。

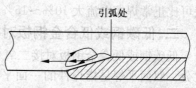

引弧处

图 2-11　接头处的引弧操作

这种接头方法适用于多层多道焊打底层的单面焊双面成形。

第二节　二氧化碳气体保护半自动焊基本工艺技术

一、二氧化碳气体保护半自动焊的定位焊

定位焊是指焊前为装配和固定焊件上的接缝位置而进行的焊接操作，也称点

固焊。定位焊形成的短小而断续的焊缝称为定位焊缝。通常定位焊缝都比较短小,且焊接过程中都不去掉,而成为正式焊缝的一部分保留在焊缝中,因此,定位焊缝的位置、长度和高度等是否合适,将直接影响正式焊缝的质量及焊件的变形。生产中发生的一些重大质量事故,如结构变形大,出现未焊透及裂纹等缺陷,往往是定位焊缝不合格造成的,因此,对定位焊必须引起足够的重视。

CO_2 焊定位焊时必须注意以下问题:

①必须按照焊接工艺规定的要求进行定位焊缝的焊接。应采用与焊接工艺规定相同牌号、直径的焊丝,用相同的焊接参数施焊。若工艺规定焊前需预热,焊后需缓冷,则焊定位焊缝前也要预热,焊后也要缓冷。

②定位焊必须保证熔合良好,余高不能太高,焊缝的起头和收弧处应圆滑过渡,不能太陡,防止焊缝接头时两端焊不透。

③定位焊缝的长度、余高和间距要求见表2-1。

表 2-1　定位焊缝的参考尺寸　　　　　　　　　　　　(mm)

焊件厚度	定位焊缝余高	定位焊缝长度	定位焊缝间距
≤4	<4	5~10	50~100
4~12	3~6	10~20	100~200
>12	>6	15~30	200~300

④定位焊缝不能焊在焊缝交叉处或焊缝方向发生急剧变化的地方,通常至少应离开这些地方50mm,才能焊定位焊缝。

⑤为防止焊接过程中焊件裂开,应尽量避免强制装配,必要时可增加定位焊缝的长度,并减小定位焊缝的间距。

⑥定位焊后必须尽快焊接,避免中途停顿或存放时间过长。定位焊用焊接电流可比正常焊接电流大 10%~15%。

二、低碳钢或低合金钢板对接二氧化碳气体保护半自动平焊

低碳钢或低合金钢板对接二氧化碳气体保护半自动平焊有单面焊和双面焊之分。双面平焊是指焊件的一面平焊完成以后可以翻转180°,对另一面进行平焊。这种双面平焊的技术要求较为简单,只要每面施焊时,焊缝的熔深能保证达到焊件板厚的 60%~70%即可。单面平焊是焊件不翻转,只能在上平面施焊,要求焊后两面焊缝均应成形,满足焊件完全熔透的要求。所以,就把这种要求的单面焊叫单面焊双面成形焊法。单面焊双面成形的焊法有两种:加铜垫的单面焊双面成形焊法和悬空的单面焊双面成形焊法。

用半自动 CO_2 焊进行平焊时一般选用左焊法。焊枪倾斜角度(与焊缝轴线的垂直面之间的角度)一般控制在 10°~20°,焊枪与焊缝轴线夹角一般取70°~80°。

1. 薄板对接平焊

薄板对接平焊时采用Ⅰ形坡口,焊枪以直线移动或作微小幅度的摆动(幅度

与坡口的间隙相同），选用左焊法。

2. 加铜垫的单面对接平焊

当单面对接平焊焊件较厚时，使用铜垫板承接欲流失的熔化金属，将焊件的多余热量吸收并带走。焊件背面由于铜垫板的承托，使焊缝金属经充分熔化而凝结成背面焊缝的余高，形成完美的焊缝背面成形。加铜垫的单面对接平焊技术要点如下：

①制作铜垫板。铜垫板的材料应使用紫铜。为防止铜垫与钢板焊到一起，最好是铜垫板内有循环水冷却。如果焊缝背面有余高要求时，铜垫板应开余高成形的槽沟。铜垫板的厚度一般应大于焊件的板厚。

②使用铜垫板时，应保持与焊件的紧密接触。一般可用焊件自重压紧。当薄板对接平焊时，可在薄板上面放置重物压紧。

③厚板对接平焊时，一般采用 V 形坡口的多层多道焊。打底层焊接时，如果坡口角度及间隙较小，焊枪作直线移动或作微小幅度的摆动；如果坡口角度及间隙较大，焊枪作横向摆动。其他各焊道较宽，摆动宽度视所焊焊层的厚度来决定。要求最后一层填充焊道高度应低于母材表面 1.5～2.5mm。焊接盖面层时，焊缝边缘应超出坡口边缘 0.5～1.5mm 左右。

④焊枪横向摆动速度必须与焊丝熔化速度协调一致。摆动速度过快会使焊缝中心过分下凹、焊缝根部熔合不良；摆动速度过慢会使焊缝中心凸起、两边缘凹陷，这样使打底层焊渣难以去除，两边缘很容易产生夹渣，后续焊道易导致未焊透。

三、低碳钢或低合金钢板对接二氧化碳气体保护半自动立焊

CO_2 半自动立焊按焊接方向可以分为向下立焊和向上立焊两种方法。一般板厚在 6mm 以下的焊件，属于薄板范畴，适合使用向下立焊法。而板厚大于 6mm 的焊件，应使用向上立焊法。

1. 向下立焊法

向下立焊法主要适用于薄板（板厚小于 6mm）的细丝短路过渡 CO_2 焊。其特点是焊缝成形好、操作简单、焊接速度快，但其熔深较小、容易产生未焊透或焊瘤。向下立焊技术的关键是保持熔池形状完整，熔化金属不向下流淌。

向下立焊时焊枪自上而下移动。焊枪与焊缝轴线的夹角一般取 70°～90°，与工件表面上焊缝垂线之间夹角一般取 90°，如图 2-12 所示。

向下立焊一般采用直线移动法运枪，有时轻微摆动。操作时必须十分小心，不要使熔化金属流到电弧前面去，如图 2-13 所示，避免导致焊瘤和未焊透等缺陷。如发生这种情况，应当加快焊枪移动速度并使焊枪倒向焊接方向，依靠电弧力将熔池金属推上去。

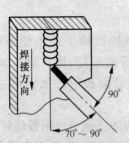

图 2-12　CO₂ 气体保护焊向下立焊的
焊枪角度示意图

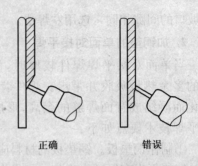

图 2-13　向下立焊时电弧与熔池的
相对位置

向下立焊焊接时,焊枪一般不进行摆动,因为摆动使熔池受热过大,容易产生焊瘤和未焊透缺陷。如需要较大的焊缝熔宽时,可采用多层向下立焊法。有坡口或厚板角接焊缝的向下立焊时,可采用月牙形摆动,如图 2-14 所示。

2. 向上立焊法

向上立焊法的特点是熔深大、焊道窄。主要适合于中、厚板(厚度大于 6mm)的焊接。由于向上立焊法的熔深较大,也就是熔池较大、熔化金属量多,所以,防止熔化金属流淌也是向上立焊的关键,因此,一般采用 1.2mm 的焊丝进行短路过渡焊接。

向上立焊时焊枪自下而上移动。焊枪与焊缝轴线的夹角一般取 70°～90°,与工件表面上的焊缝垂线之间夹角一般取 90°,如图 2-15 所示。

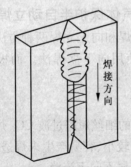

图 2-14　有坡口或厚板角接焊缝
向下立焊运枪方式

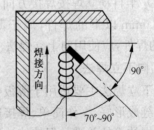

图 2-15　CO₂ 气体保护焊向上焊的
焊枪角度示意图

向上立焊时熔滴要采用短路过渡的形式。选用较小的焊接热输入,就可以形成一个较小的熔池,跟着电弧向上移动时,使下面的熔池金属会很快地凝固,保证熔化金属不流淌。

向上立焊时,若采用直线移动法运枪焊接,焊缝极易凸起,使焊缝成形不好,而且两侧容易产生咬边。所以,一般采用焊枪摆动法向上施焊,摆动形式如图

2-16 所示。为防止焊缝凸起，一般采用小幅、左右均匀摆动，快速上移。当要求较大的焊缝宽度时，应采用向上弯曲的月牙形摆动法，如图 2-16 所示，不应采用向下弯的月牙形，以免造成熔化金属流淌。

向上弯曲的月牙摆动时，也要在焊缝中间快速通过，而在焊缝两侧作少许停留，以防止焊缝中间凸起和两侧咬边。

向上立焊，若单道焊控制好，容易得到平坦而光滑的焊缝，焊缝宽度可达到12mm；当坡口较大，要求得到更大的焊缝宽度时，可采用多道焊。

四、低碳钢或低合金钢板对接二氧化碳气体保护半自动横焊

横焊时熔池受重力的作用极易下垂，易使焊缝的上边缘产生咬边，下边缘产生焊瘤。所以，控制熔敷金属量和使熔池不下垂是横焊的技术关键。

通常 CO_2 半自动横焊采用细丝短路过渡进行焊接，选用左焊法。此外，焊接时还需适当的焊枪角度来保证焊接过程稳定，从而得到良好的焊缝成形。焊枪与焊缝轴线的夹角为 75°~80°，与通过焊缝轴线并和工件垂直的平面之间的夹角为5°~15°，如图 2-17 所示。

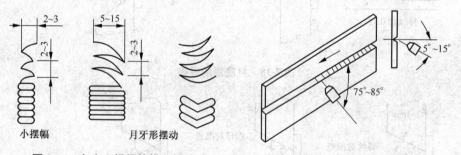

小摆幅	月牙形摆动	

图 2-16　向上立焊焊枪横向摆动　　**图 2-17　CO_2 气体保护焊横焊的焊枪角度示意图**

1. 薄板的单道焊

薄板的单道横焊应采用短路过渡、低电弧电压、小焊接电流的焊接热输入。一般选用直线移动方式，也可作小幅度前后往复摆动，以降低熔池温度，防止熔化金属下淌。

2. 厚板的多层多道焊

打底焊时，如果坡口间隙较小（5mm 以下），则采用直线移动法运枪，尽量焊成等焊脚焊道，如图 2-18(a)所示。如果坡口间隙较大（5~8mm），则焊枪应横向摆动，可采取斜圆圈形或锯齿形摆动法，但摆幅比焊条电弧焊要小，摆动到上下两侧时停留 0.5s 左右，尽量焊成等焊脚焊道，如图 2-18(b)所示。如果坡口间隙很大（大于 8mm），则打底层焊采用两个焊道，如图 2-18(c)所示。填充层一般采用每层多道焊，先焊下侧焊道，再焊上侧焊道，如图 2-19 所示。随着焊层的增加，每个焊道的熔敷金属量应递减，最后一层填充层应低于工件表面 2~3mm，以进行

盖面层的焊接。

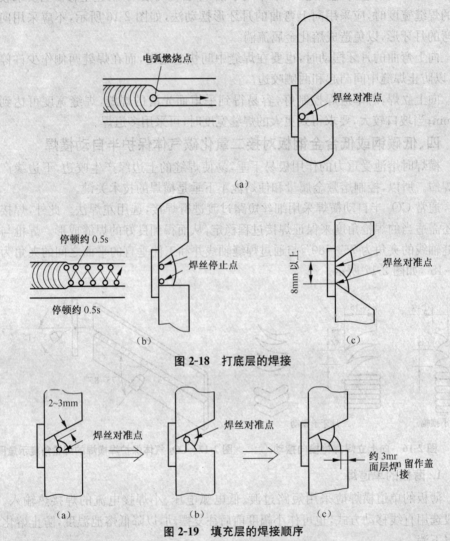

图 2-18　打底层的焊接

图 2-19　填充层的焊接顺序

五、低碳钢或低合金钢板对接二氧化碳气体保护半自动仰焊

仰焊是各种位置焊接中最困难的一种焊接方法。由于熔池倒悬在焊件下面,没有固体金属承托,所以使焊缝成形困难,容易产生烧穿、咬边及焊道下垂等缺陷。同时,在焊接过程中,必须无依托地举着焊枪,抬头看熔池,劳动强度大。

通常仰焊也采用细丝短路过渡进行焊接(焊丝直径均小于 1.2mm)。一般选用右焊法,并适当加大气体流量。焊枪与焊缝轴线的夹角一般取 70°~90°,与工件表面上焊缝垂线之间夹角一般取 90°,如图 2-20 所示。

1. 薄板的单道焊

薄板仰焊时一般采用单层单道焊。为了保证焊透工件,装配时要留有 1.2～1.6mm 的间隙,采用细焊丝短路过渡焊接。焊接时焊枪要对准间隙或坡口中心,焊枪角度如图 2-20 所示,选用右焊法。应直线移动或小幅度摆动焊枪,焊接时仔细观察电弧和熔池,根据熔池的形状及状态适当调节焊接速度和焊枪的摆动方式。

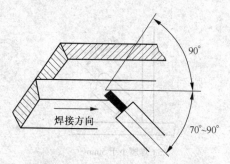

图 2-20　CO_2 气体保护焊仰焊的焊枪角度示意图

2. 厚板的多层多道焊

如果工件较厚,需开坡口采用多层多道焊。多层焊的打底焊时,一般在坡口长度方向的左端进行引弧,焊枪开始做小幅度锯齿形摆动,熔孔形成后转入正常焊接。

焊接过程中不能让电弧脱离熔池,利用电弧吹力防止熔化金属下淌,同时必须注意控制熔孔的大小,既保证根部焊透,又要防止焊道背面下凹、正面下坠。

填充焊时要掌握好电弧在坡口两侧的停留时间,保证焊道之间、焊道与坡口之间熔合良好。填充焊的最后一层焊缝表面应距离坡口表面 1.5～2mm,但不要将坡口棱边熔化。

盖面焊时应根据填充焊道的高度适当调整焊接速度及摆幅,保证焊道表面平滑,焊缝两侧不咬边。

六、低碳钢或低合金钢板角接二氧化碳气体保护半自动平焊

根据焊件厚度不同,角接 CO_2 半自动平焊可分单层单道焊和多层多道焊。

1. 单层单道焊

角接平焊当焊脚高度小于 8mm 时,可采用单道焊。单道焊时根据焊件厚度的不同,焊枪的指向位置和倾角也不同。当焊脚高度小于 5mm 时,焊枪指向根部,如图 2-21(a)所示。当焊脚高度大于 5mm 时,焊枪指向距离根部 1～2mm,如图 2-21(b)所示。焊接方向一般选用左焊法。

为了使焊缝的焊脚尺寸保持一致,要求焊接电流应小于 350A。对于不熟练的焊工,电流应再小些。当焊接电流过大时,熔化金属容易流淌,造成垂直板的焊脚尺寸小,并出现咬边,而水平板上焊脚尺寸较大,并容易出现焊瘤,如图 2-22 所示。

2. 多层多道焊

角接平焊当焊脚尺寸大于 8mm 时,应采用多层焊。多层焊时为了提高生产

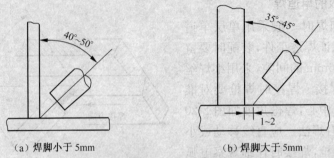

(a) 焊脚小于 5mm　　　　(b) 焊脚大于 5mm

图 2-21　角接平焊时的焊枪位置

率,一般焊接电流都比较大。大电流焊接时,要注意各层之间及各层与底板和立板之间要熔合良好,使平角焊缝的焊脚尺寸一致、焊缝表面与母材过渡平滑。

　　焊脚尺寸为 8～12mm 的角焊缝,一般分两层焊道进行焊接。第一层焊道电流要稍大些,焊枪与垂直板的夹角要小,并指向距离根部 2～3mm 的位置;第二层焊道的焊接电流应适当减小,焊枪指向第一层焊道的凹陷处,如图 2-23 所示,并选用左焊法,可以得到等焊脚尺寸的焊缝。

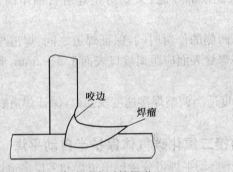

图 2-22　电流过大时的焊道

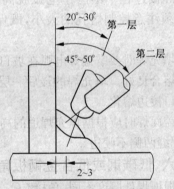

图 2-23　两层焊时的焊枪角度

　　一般采用两层焊道可焊接 14mm 以下的焊脚尺寸。当要求得到更大的焊脚尺寸时,应采用三层以上的焊道,焊接次序如图 2-24 所示。图 2-24(a)是多层焊的第一层,该层的焊接工艺与 5mm 以上焊脚尺寸的单道焊类似,焊枪指向距离根部 1～2mm 处,焊接电流一般不大于 300A,选用左焊法。图 2-24(b)为第二层焊缝的第一道焊缝,焊枪指向第一层焊道与水平板的焊趾部位,进行直线形或稍加摆动的焊接。焊接该焊道时,注意在水平板上要达到焊脚尺寸要求,并保证在水平板一侧的焊缝边缘整齐,与母材熔合良好。图 2-24(c)为第二层的第二条焊道。如果要求焊脚尺寸较大时,可按图 2-24(d)焊接第三道焊道。

　　当采用船形位置焊接角焊缝时,可以使用较大的焊接电流。船形焊时可以采用单道焊,也可以采用多道焊,采用单道焊可焊接 10mm 厚度的工件。

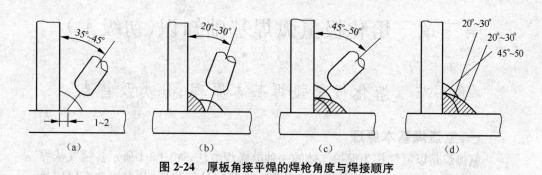

图 2-24 厚板角接平焊的焊枪角度与焊接顺序

第三章 熔化极氩弧焊基础知识(初级工)

第一节 熔化极氩弧焊基本原理、分类及特点

一、氩弧焊基本原理

氩弧焊是以氩气作为保护气体的一种电弧焊方法,如图 3-1 所示。氩气从焊枪(也称焊炬)的喷嘴喷出,在焊接区形成连续封闭的氩气层,使电极和金属熔池与空气隔绝,防止有害气体(如氧、氮等)侵入,对电极和焊接熔池起着机械保护作用。

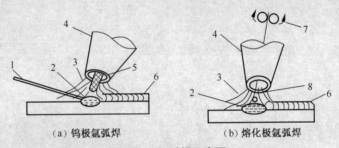

(a) 钨极氩弧焊　　　　　(b) 熔化极氩弧焊

图 3-1 氩弧焊示意图

1.填充焊丝 2.熔池 3.气体 4.喷嘴 5.钨极 6.焊道
7.送丝滚轮 8.焊丝

由于氩气是一种惰性气体,既不与金属起化学反应,也不溶解于金属液体,从而母材中的合金元素不会烧损,焊缝不易产生气孔。因此,氩气保护电弧焊是获得到优质焊缝的有效、可靠的方法。

二、氩弧焊焊接分类及其特点

氩弧焊按所用的电极不同,可分为非熔化极氩弧焊和熔化极氩弧焊两种。

非熔化极氩弧焊一般用钨作为电极,用氩气作保护气体,如图 3-1(a)所示。这种钨极惰性气体保护电弧焊又称"TIG"焊,焊接时,钨极不熔化,无电极金属的过渡问题,电弧现象比较简单,焊接质量稳定,主要用于薄板(厚度小于 6mm)的焊接和厚板的打底焊道。

熔化极氩弧焊是采用与焊件成分相近或相同的焊丝作为电极,以氩气作为保护介质的一种焊接方法,如图 3-1(b)所示。这种熔化极惰性气体保护电弧焊也称"MIG"焊。"MIG"焊采用的保护气体是氩气(Ar)、氦气(He)或 Ar+He(氦)。

"MIG"焊生产效率比"TIG"焊高;焊接变形比"TIG"焊小;母材熔深大;填充金属熔敷速度快;可焊接所有金属,如碳钢、低合金钢,特别适合焊接铝及铝合金、

镁及镁合金、钛及钛合金、铜及铜合金、不锈钢；既能焊1mm薄板，也适合焊中、厚板；并可全位置焊接。

"MAG"焊能提高熔滴过渡的稳定性；增大电弧热功率；减少焊接缺陷及降低焊接成本；获得优良的焊缝质量；适用于碳钢、低合金钢和不锈钢的焊接；适合于全位置焊接。

氩弧焊按操作方法分为：手工钨极氩弧焊、半自动钨极氩弧焊、自动钨极氩弧焊和脉冲钨极氩弧焊。按送丝方式分为：自动、半自动和脉冲熔化极氩弧焊三种，见图3-2。

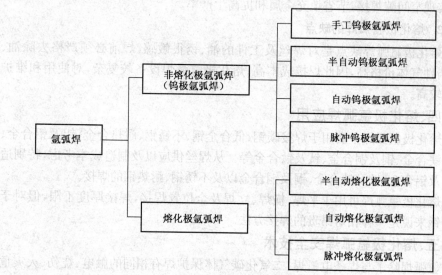

图3-2　氩弧焊的分类

三、熔化极氩弧焊特点

1. 熔化极氩弧焊的优点

①熔化极氩弧焊几乎可以焊接所有的金属，如铝、镁、铜、钛、镍及其合金，以及碳钢、不锈钢、耐热钢等。焊接中氧化烧损元素极少，只有少量的蒸发损失，焊接冶金过程比较单纯。

②生产率较高、焊接变形小。由于是连续送丝，允许使用的电流密度较高，母材的熔深大，填充金属熔敷速度快；没有更换焊条工序，节省时间；用于焊接厚度较大的铝、铜、钛等有色金属及其合金时，生产率比钨极氩弧焊高，焊件变形比钨极氩弧焊小。

③焊接过程易于实现自动化。熔化极氩弧焊的电弧是明弧，焊接过程参数稳定，易于检测及控制，因此容易实现自动化。目前，世界上绝大多数的弧焊机械手及机器人均采用这种焊接方法。

　　④对氧化膜不敏感。熔化极氩弧焊一般采用直流反接,焊接铝、镁及其合金时可以不采用具有强腐蚀性的熔剂,而依靠很强的阴极破碎作用,去除氧化膜,提高焊接质量。焊前几乎无须去除氧化膜的工序。

　　⑤可以获得含氢量较低的焊缝金属。焊接过程烟雾少,可以减轻对通风的要求。

　　⑥熔化极氩弧焊适应性好,可以进行任何接头位置的焊接。其中以平焊位置和横焊位置的焊接效率最高,其他焊接位置的效率也比焊条电弧焊高。可以通过采用短路过渡和脉冲进行全位置焊接。焊道之间不需清渣,可以用更窄的坡口间隙,实现窄间隙焊接,节省填充金属和提高生产率。

2. 熔化极氩弧焊的缺点

　　熔化极氩弧焊缺点是对焊丝及工件的油、锈很敏感,焊前必须严格去除油、锈;惰性气体价格高,因此焊接成本高;熔化极氩弧焊设备较复杂,对使用和维护要求较高。

四、熔化极氩弧焊应用

　　熔化极氩弧焊主要用于焊接碳钢、低合金钢、不锈钢、耐热合金、铝及铝合金、镁及镁合金、铜及铜合金、钛及钛合金等。从焊丝供应以及制造成本考虑,特别适合铝及铝合金、钛及钛合金、铜及铜合金以及不锈钢、耐热钢的焊接。

　　熔化极氩弧焊可用于平焊、横焊、立焊及全位置焊接,焊接厚度不限,但对于低碳钢来说是一种相对昂贵的焊接方法。

五、熔化极氩弧焊安全技术

　　氩弧焊除了与焊条电弧焊、二氧化碳气体保护焊有相同的触电、烧伤、火灾危险因素以外,还有高频电磁场、电极放射线和比焊条电弧焊强得多的弧光伤害、焊接烟尘和有毒气体等有害因素。在熔化极氩弧焊产生的有毒气体中最突出的是臭氧。

　　空气中的氧在短波紫外线照射下,发生光化学反应而生成臭氧(O_3)。臭氧是一种淡蓝色的气体,具有刺激性气味,浓度较高时呈腥臭味,浓度再高时,在腥臭味中略带酸味。它对人体的危害主要是对呼吸道和肺有强烈的刺激作用。臭氧浓度超过一定限度时,往往引起咳嗽、咽干、舌燥、胸闷、食欲不振、疲乏无力、头晕、恶心、全身疼痛等,严重时,特别是在密闭容器内焊接而又通风不畅时,还可引起支气管炎。

　　我国根据对生产现场的调查研究结果,臭氧浓度卫生标准规定为 $0.3mg/m^3$。熔化极氩弧焊产生的臭氧平均浓度超过规定的卫生标准。

　　焊接环境中的臭氧浓度与焊接方法、焊接材料、保护气体及焊接热输入等因素有关。不同焊接方法在离电弧150mm处的臭氧平均浓度见表3-1。

　　熔化极氩弧焊产生的有毒气体还包括氮氧化物、一氧化碳等。熔化极氩弧焊过程中有害因素的防护措施可参照二氧化碳气体保护焊过程中的有害因素和防护措施的相关内容。

表 3-1 不同焊接方法及工艺条件对臭氧浓度的影响

焊接方法	保护气体	母材	电流/A	臭氧浓度/mg/m³
焊条电弧焊	—	碳钢	250	0.22
	—	碳钢	400	0.16
药芯焊丝电弧焊	—	碳钢	930	0.24
	CO_2	碳钢	1100	0.23
钨极氩弧焊	Ar	碳钢	150	0.27
	Ar	不锈钢	150	0.17
	Ar	铝	150	0.15
	Ar+2%O_2	碳钢	300	2.1
	Ar+2%O_2	不锈钢	300	1.7
熔化极氩弧焊	Ar	铝	300	8.4
	Ar+2%O_2	铝	300	6.1
	Ar	Al—5Mg	300	3.1
	Ar+2%O_2	Al—5Mg	300	2.3
	Ar	Al—5Si	300	14.2
	Ar+2%O_2	Al—5Si	300	14.2

第二节 熔化极氩弧焊设备

一、熔化极氩弧焊设备的基本组成

同 CO_2 气体保护焊设备一样,熔化极氩弧焊的设备由弧焊电源、送丝系统、焊枪与行走系统(自动焊)、供气系统与冷却系统以及控制系统等部分组成,如图 3-3 所示。

二、熔化极氩弧焊机

熔化极氩弧焊机焊接电源按外特性分为平特性、陡降特性和缓降特性三种。为使电弧稳定,减少飞溅,获得良好的焊缝成形,熔化极氩弧焊机均采用直流电源。

半自动熔化极氩弧焊时,采用的焊丝直径小于 2.5mm,这时的焊接电流密度大,电弧静特性线上升,因此,应选用具有平特性的电源配以等速送丝系统。熔化极自动氩弧焊时,所用焊丝直径常大于 3mm,电弧静特性曲线基本上呈水平形,此时,可采用具有下降外特性的弧焊电源配合可变速的自动调节送丝系统。

国产熔化极氩弧焊机型号中,"N"表示熔化极气体保护弧焊机,"B"表示半自动焊,"Z"表示自动焊,"A"表示氩弧焊,"—"后的数字表示额定焊接电流,单位为

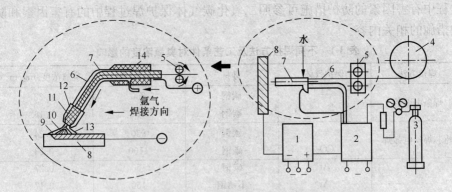

图3-3　半自动熔化极氩弧焊的设备组成示意图

1. 直流电源　2. 控制箱　3. 氩气瓶　4. 焊丝盘　5. 送丝机构
6. 焊丝　7. 焊枪　8. 焊件　9. 金属熔池　10. 焊接电弧　11. 导电嘴
12. 喷嘴　13. 氩气流　14. 焊枪手柄

A。国产熔化极氩弧焊机型号及其主要技术参数见表3-2。

表3-2　国产熔化极氩弧焊机型号及其主要技术参数

焊机名称	型号	电源电压/V	工作电压/V	额定焊接电流/A	负载持续率/%	焊丝直径/mm	送丝速度/(m/h)	送丝方式	用途
半自动熔化极气体保护焊机	NB—160	380	22	160	60	0.8~1.2	90~750	推丝	采用CO_2、氩气或混合气体保护焊,可焊接低碳钢、低合金钢、不锈钢和铝、钛等
	NB—250	380	26.5	250	60	0.8~1.2	90~750	推丝	
	NB—400	380	34	400	60	0.8~1.2	90~750	推丝	
	NB—500	380	29	500	60	0.8~2.4	90~1080	推丝	
	NB—630	380	40	630	60	0.8~2	90~750	推丝	

续表 3-2

焊机名称	型号	电源电压/V	工作电压/V	额定焊接电流/A	负载持续率/%	焊丝直径/mm	送丝速度/m/h	送丝方式	用 途
半自动熔化极氩弧焊机	NBA—400	380	15～42	400	60	1.6～2（铝）0.5～1.2（不锈钢）	150～750	推丝	铝、不锈钢焊接，适用于细、软焊丝
	NBA1—500	380	20～40	500	60	2～3	60～840	推丝	8～30mm 铝合金板
自动熔化极氩弧焊机	NZA—300—1	380	22	300	100	1～2	10～60	推丝	焊接不锈钢
	NZA19—500—1	380	25～40	500	80	2.5～4.5	90～330	推丝	3～30mm 铝合金板
熔化极半自动脉冲氩弧焊机	NBA2—200	380	30	200	60	1.4～2（铝）1.0～1.6（不锈钢）	60～840	推丝	铝、不锈钢半自动全位置焊
熔化极自动脉冲氩弧焊机	NZA20—200	380	30	200	60	1.5～2.5（铝）1～2（不锈钢）	60～480	推丝	铝、不锈钢自动焊
	NZA24—200	220	15～40	200	100	1.6～2（铝）1.2～1.6（不锈钢）	100～1000	等速送丝	焊接铝和不锈钢

三、熔化极氩弧焊枪

焊枪起到导电、导丝和导气的作用，是焊工直接操作的工具。焊枪必须坚固轻便，并能适合各种位置的焊接。焊枪按用途分为：半自动焊枪和自动焊枪；按送丝的方式分为：拉丝式和推丝式两类，这两类焊枪均属于半自动焊枪。焊接电流较小时，焊枪采用自然冷却，焊接电流较大时，采用水冷式焊枪。

1. 拉丝式焊枪

拉丝式焊枪的结构如图 3-4 所示。其主要特点是送丝均匀、稳定，焊枪活动范围大，但因送丝机构和焊丝盘都装在焊枪上，所以焊枪比较笨重，结构较复杂。通常适用于直径 0.5～0.8mm 的细丝焊接。

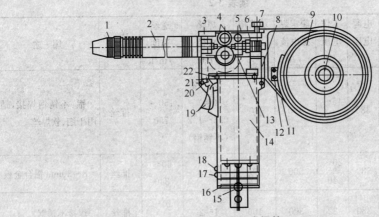

图 3-4　拉丝式焊枪

1. 喷嘴　2. 外套　3、8. 绝缘外壳　4. 送丝滚轮　5. 螺母
6. 导丝杆　7. 调节螺杆　9. 焊丝盘　10. 压栓　11、15、17、21、22. 螺钉　12. 压片
13. 减速箱　14. 电动机　16. 底板　18. 退丝按钮　19. 扳机　20. 触点

2. 推丝式焊枪

推丝式焊枪结构简单、操作灵活,但焊丝经过软管产生的阻力较大,所用的焊丝不宜过细,多用于直径 1mm 以上焊丝的焊接。焊枪按形状不同,可分为鹅颈式焊枪和手枪式焊枪两种。

(1) 鹅颈式焊枪　如图 3-5 所示,这种焊枪形似鹅颈,应用较广,用于平焊位置较方便。

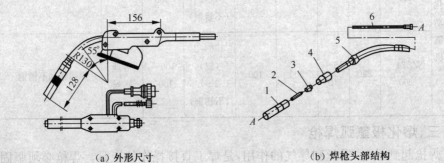

(a) 外形尺寸　　　　　　　　　　(b) 焊枪头部结构

图 3-5　鹅颈式焊枪

1. 喷嘴　2. 导电嘴　3. 分流器　4. 接头　5. 枪体　6. 弹簧软管

(2) 手枪式焊枪　如图 3-6 所示,这种焊枪形似手枪,用来焊接除水平面以外的空间焊缝时较方便。

四、熔化极氩弧焊送丝机构

熔化极氩弧焊送丝机构由电动机、减速器、校直轮、送丝轮、送丝软管、焊丝盘等组成。

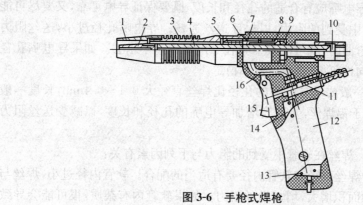

图 3-6 手枪式焊枪

1. 喷嘴 2. 导电嘴 3. 套筒 4. 导电杆 5. 分流环 6. 挡圈 7. 气室
8. 绝缘圈 9. 紧固螺母 10. 锁紧螺母 11. 球形气阀 12. 枪把
13. 退丝开关 14. 送丝开关 15. 扳机 16. 气管

1. 送丝方式

根据送丝方式的不同,送丝系统可分为:推丝式、拉丝式、推拉丝式和行星式四种。

(1)推丝式 推丝式是半自动熔化极气体保护焊应用最广的送丝方式之一。这种送丝方式的焊枪结构简单、轻便,操作和维修都比较方便,但焊丝送进的阻力较大,如果送丝软管过长,送丝稳定性会变差,一般送丝软管长为3~5m。

(2)拉丝式 拉丝式可分为三种形式:一种是将焊丝盘和焊枪分开,两者通过送丝软管连接;另一种是将焊丝盘直接安装在焊枪上。这两种都适合于细丝半自动焊。还有一种是不但焊丝盘与焊枪分开,送丝电动机也与焊枪分开。这种送丝方式可用于自动熔化极气体保护电弧焊。

(3)推拉丝式 推拉丝式的送丝软管可加长到15m左右,增大了半自动焊的操作距离。焊丝的送进既靠后面的推力,又靠前面的拉力。利用两个力的合力来克服焊丝在软管中的阻力。送丝过程中,始终保持焊丝在软管中处于拉直状态。这种送丝方式常用于半自动熔化极气体保护电弧焊。

(4)行星式送丝 行星式送丝机构由三个互为120°的滚轮交叉地装置在一块底座上,组成一个驱动盘。送丝机构工作时,焊丝通过电动机中空轴从驱动盘一端进入后,从驱动盘的另一端送出。当电动机的主轴带动驱动盘旋转时,三个滚轮向焊丝施加一个轴向推力,将焊丝往前推送。

2. 送丝阻力

送丝机构的工作稳定性直接影响焊接质量。送丝的稳定性一方面与机械特性和控制电路的控制精度有关,另一方面又与焊丝送进过程中的阻力及送丝轮结构、送丝轮对焊丝的驱动方式有关。

焊丝阻力主要是焊丝在导电嘴中受到的阻力和在送丝软管中受到的阻力。

(1)导电嘴　导电嘴应有合适的孔径和长度,既要保证导电可靠,又要尽可能减少焊丝在导电嘴中受到的阻力,以保证送丝通畅。导电嘴孔径过小,送丝阻力增大,当焊丝略有弯曲时,就可能被卡紧在导电嘴中送不出去。如果导电嘴孔径过大,会使焊丝导向性不好,造成送丝不稳定。

对于钢焊丝,一般要求导电嘴的孔径比焊丝直径大 0.1~0.4mm,长度一般在 20~30mm。对于铝焊丝,要适当增加导电嘴的孔径和长度,以减少送丝阻力和保证导电可靠。

(2)送丝软管　焊丝在软管中受到的阻力与下列因素有关:

①软管内径。焊丝直径和软管内径要有适当的配合。软管内径过小,焊丝与软管内壁间的接触面积增大,增加送丝阻力。如果软管内有杂质,很可能会导致焊丝送不出去。软管内径过大,焊丝在软管内呈波浪形送进,如果采用推丝式,同样会使送丝阻力增大。表 3-3 给出了不同焊丝直径的软管内径尺寸。

表 3-3　不同直径焊丝的软管内径　　　　　　　(mm)

焊丝直径	软管内径	焊丝直径	软管内径
0.8~1.0	1.5	1.4~2.0	3.2
1.0~1.4	2.5	2.0~3.5	4.7

②软管材料。送丝软管材料的摩擦系数越小越好。软管有两类:一类用弹簧钢丝绕成,另一类用聚四氟乙烯、尼龙制成。

③软管弯曲度。软管平直时,送丝阻力较小,相反,软管弯曲时,送丝阻力增大。而且软管弯曲后送丝阻力比焊丝弯曲的送丝阻力大得多。因此,在焊接时,尽量减小软管的弯曲。

(3)焊丝弯曲度　焊丝若有局部弯曲,会使焊丝在软管中的阻力大大增加,导致送丝不稳定。所以,在条件允许的情况下,尽量选用较大的焊丝盘。特别是铝焊丝,要求焊丝的曲率越小越好。

五、熔化极氩弧焊供气系统

熔化极氩弧焊供气系统由氩气瓶、减压器、浮子流量计和电磁气阀等组成,如图 3-7 所示。氩气瓶内储存高压保护气体,瓶身涂灰色,并标明"氩气"字样,避免与其他气瓶混用。

减压器将高压瓶内的高压气体降至焊接时所需要的压力。流量计用来调节和测量气体的流量,流量计的刻度出厂时按空气标准定,用于

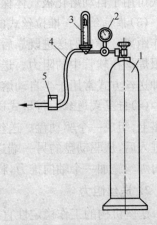

图 3-7　供气系统组成
1. 氩气瓶　2. 减压阀　3. 浮子流量计
4. 软气管　5. 电磁气阀

氩气时要加以修正。通常把流量计和减压器做成一体。

电磁气阀装在控制箱内，一般是接入 36V 的交流电，由延时继电器控制。电磁气阀通过控制系统来控制气流的通断。接通电源时，阀芯连同密封塞被吸上去，电磁气阀打开，气体进入焊枪。切断电源时，电磁气阀处于关闭状态。

六、水冷式熔化极氩弧焊枪水冷系统

一般来说，许用电流大于 150A 的焊枪为水冷式。水冷式焊枪的冷却水系统由水箱、水泵、冷却水管和水压开关组成。水箱里的冷却水经水泵流经冷却水管，经过水压开关后流入焊枪，然后经冷却水管再回流水箱，形成冷却水循环。水压开关的作用是保证冷却水只有流经焊枪，才能正常起动焊接，用来保护焊枪。

第三节 熔化极氩弧焊的焊接材料

一、保护气体

1. 氩气(Ar)

氩气是无色无味的气体，比空气重 25%。用氩气作保护气体不宜飘浮散失且能在熔池表面形成一层较好的覆盖层。由于氩气是惰性气体，它既不与金属起化学反应，也不溶于金属液体中。因此，可避免焊缝金属中的合金元素烧损及由此带来的其他焊接缺陷，使焊接冶金反应变得简单和容易控制，为获得高质量的焊缝提供了良好的条件。氩弧焊不仅适合于高强度合金钢和铝、镁、铜及其合金的焊接，还适合于补焊、定位焊、反面成形打底焊及异种金属的焊接。

氩气的另一个特点是导热系数较小，而且是单元子气体，高温时不分解吸热，所以，在氩气中燃烧的电弧热量损失较少，电弧燃烧较稳定，即使在较低的电压时电弧也很稳定，一般电弧电压在 8~17V 之间。但是氩气没有脱氧及去氢作用，所以，焊接时对焊前清理的要求非常严格，否则就会影响焊接质量。

氩气在空气中含量极少，按体积分数计算，仅占 0.93%，按质量分数计算，仅占 1.3%。它比空气重，沸点为 −185.7℃。氩气是在液态空气分馏制氧时获得的。但由于氩气的沸点介于氧气和氮气的沸点之间(氧的沸点是 −183℃，氮的沸点是 −195.8 ℃)，沸点温度差值小，所以在制取氩气时，氩气中会含有一定数量的氧、氮、二氧化碳和水分。

氩气的纯度对焊接质量影响非常大。按我国现行规定，氩气的纯度应达到 99.99%。若焊接化学性能活泼的金属，如铝、镁、钛、锆及其合金，氩气纯度要求应更高些。如果氩气中的杂质含量超过规定范围，在焊接过程中不但保护效果不好，而且极易产生气孔、夹渣等缺陷，具体要求参照 GB4842—2006 和 GB10624—1995 的有关规定。

焊接用的纯氩气装在钢瓶内，在 20℃时，满瓶压力为 15MPa。

2. 氦气(He)

氦气也是一种无色、无味的惰性气体,与氩气一样,也不和其他元素组成化合物,不易溶于其他金属熔液,是一种单原子气体,沸点为－269℃。氦气的电离电位较高,焊接时引弧困难。与氩气相比,它的热导率较大,在相同的焊接电流和电弧强度下,氦弧焊电弧电压高,电弧温度高,因此,母材热输入大,焊接速度快,弧柱细而集中,焊缝有较大的熔透率。这是利用氦气进行电弧焊的主要优点,但电弧的相对稳定性稍差于氩弧焊。

氦气的原子质量轻、密度小,要有效地保护焊接区域,其流量要比氩气大得多。由于价格昂贵,因此,只有某些具有特殊要求的焊件才使用,如核反应堆的冷却棒、大厚度的铝合金等关键零部件的焊接。

作为焊接用保护气体,一般要求氦气的纯度为99.9%～99.999%,此外,还与被焊母材的种类、成分、性能及对焊接接头的质量要求有关。一般情况下,焊接活泼金属时,为防止金属在焊接过程中氧化、氮化,降低焊接接头质量,应选用高纯度氦气。

3. 富氩混合气体

富氩混合气体是在氩气中加入一定量的另一种或两种气体,主要应用在熔化极氩弧焊上。可以在细化熔滴、减少飞溅、提高电弧稳定性、改善熔深以及提高电弧的温度等方面获得满意的效果。当使用氩气和氦气的混合气体时,可提高焊接速度。

二、焊丝

熔化极氩弧焊焊丝的作用主要有:一是作为电极,传导电流,产生电弧;二是作为填充金属,与熔化的母材一起组成焊缝,有时还有冶金处理作用。

熔化极氩弧焊时,焊丝中合金元素的烧损量很小,因此无论是低碳钢、低合金钢、不锈钢,还是铝及铝合金,一般均采用与母材成分相近的焊丝。有时为了改善焊接性能,提高接头强度,需要采用与母材成分不同的焊丝。碳钢和合金钢的焊接可选用 CO_2 焊焊丝,国内有些单位也生产了专用混合气体焊丝。

常用氩弧焊碳素钢、合金钢和不锈钢焊丝的牌号见表3-4。

表3-4　常用氩弧焊碳素钢、合金钢和不锈钢焊丝的牌号

钢的牌号	焊丝的牌号	钢的牌号	焊丝的牌号
Q235、Q235－F、Q235g、10、20g、15g、22g、22	H08Mn2Si H05Mn2SiAlTiZr	15CrMo 12CrMo	H08CrMoA H08CrMoMn2Si
16Mn、16MnR、25Mn、16Mng	H10Mn2 H08Mn2Si	20CrMo 30CrMoA	H05CrMoVTiRe
15MnV、15MnVCu 15MnVN、19M5 20MnMo	H08MnMoA H08Mn2SiA	12Cr1MoV 15Cr1MoV 20CrMoV	H08CrMoV H05CrMoVTiB

续表 3-4

钢的牌号	焊丝的牌号	钢的牌号	焊丝的牌号
12Cr2MoWVTiB（钢102）	H10Cr2MoWVTiB	12CrMoV+15CrMo	H13CrMo H08CrMoV
G106 钢	H10Cr5MoVNB	钢102+1Cr18Ni9Ti	镍基焊丝
06Cr19Ni10(0Cr18Ni9) 12Cr18Ni9(1Cr18Ni9)	H0Cr18Ni9	09Mn2V	H05Mn2Cu H05Ni2.5
12Cr18Ni9Ti(1Cr18Ni9Ti)	H0Cr18Ni9Ti	06AlCuNbN	H08Mn2WCu
022 Cr17Ni13Mo2 (00Cr17Ni13Mo2)	H0Cr18Ni12Mo2Ti	3.5Ni 06MnNb 06AlCuNbN	H00Ni4.5Mo H05Ni4Ti
钢102+15CrMo 钢102+12CrMoV	H08CrMoV		
12CrMoV+碳钢	H08Mn2Si		
钢102+碳钢	H08Mn2Si H08CrMoV H13CrMo	9Ni 钢	H00Ni1Co H06Cr20Ni60Mn3Nb

第四节 熔化极氩弧焊焊接参数

一、熔化极氩弧焊焊接参数

熔化极氩弧焊的焊接参数主要有焊接电流、电弧电压、焊接速度、焊丝直径、焊丝伸出长度、保护气体流量、喷嘴至工件的距离及焊枪倾角等。在焊接参数中，焊接电流和电弧电压最为关键，这两个参数决定了电弧的形态及熔滴过渡形式。

1. 焊丝直径

焊丝直径要根据焊件的厚度和焊接位置来确定。薄板及空间位置的焊接通常采用细焊丝（$\phi \leqslant 1.2mm$）。$\phi 0.8 \sim 2.0mm$ 焊丝的适用范围见表 3-5。平焊位置中等厚度及大厚度板材焊接时，可采用 3.2~5.6mm 的粗焊丝，此时，焊接电流可调节到 500~1000A。粗焊丝、大电流具有熔透能力强、焊道层数少、生产效率高、焊接变形小等优点。

2. 焊接电流

熔化极氩弧焊通常采用直流反接，这种接法的优点是，熔滴过渡稳定，熔透能力大且阴极雾化效应大。实际焊接中应根据工件厚度、焊丝直径、焊接位置选择焊接电流。采用等速送丝弧焊机进行焊接时，焊接电流通过送丝速度来调节。表3-6 为低碳钢熔化极氩弧焊的焊接电流范围。

表 3-5　焊丝的适用范围(ϕ 0.8~2.0mm)

焊丝直径/mm	工件厚度/mm	施焊位置	熔滴过渡形式
0.8	1~3	全位置	短路过渡
1.0	1~6	全位置、单面焊双面成形	短路过渡
1.2	2~12		
	中等厚度、大厚度	打底焊	
1.6	6~25	平焊、横焊或立焊	射流过渡
	中等厚度、大厚度		
2.0	中等厚度、大厚度		

表 3-6　低碳钢熔化极氩弧焊的焊接电流范围

焊丝直径/mm	焊接电流/A	熔滴过渡方式	焊丝直径/mm	焊接电流/A	熔滴过渡方式
1.0	40~150	短路过渡	1.6	270~500	射流过渡
1.2	80~180		1.2	80~220	脉冲射流过渡
1.2	220~350	射流过渡	1.6	100~270	

3. 电弧电压

焊丝直径一定时,要获得稳定的熔滴过渡,除了选用与之相适应的焊接电流外,还必须配合相应的焊接电压,否则容易使工艺性能变坏,产生焊接缺陷。焊接电压过高(电弧过长),会产生气孔和飞溅;焊接电压过低(电弧过短),会使电弧短接或熄弧。

电弧电压主要影响熔宽,对熔深的影响很小。电弧电压应根据电流的大小、保护气体的成分、被焊材料的种类、熔滴过渡方式等进行选择。表 3-7 列出了不同保护气体下的电弧电压。

表 3-7　常用材料熔化极氩弧焊不同保护气体、熔滴过渡方式的电弧电压

金属	喷射或细颗粒过渡					短路过渡			
	Ar	He	Ar+75%He	Ar+(1%~5%)O_2	CO_2	Ar	Ar+(1%~5%)O_2	Ar+25%O_2	CO_2
铝	25	30	29	—	—	19	—	—	—
镁	26	—	28	—	—	16	—	—	—
碳钢	—	—	—	28	30	17	18	19	20
低合金钢	—	—	—	28	30	17	18	19	20
不锈钢	24	—	—	26	—	18	19	21	—
镍	26	30	28	—	—	22	—	—	—

续表 3-7

金　属	喷射或细颗粒过渡					短路过渡			
	Ar	He	Ar+ 75%He	Ar+ (1%~5%) O₂	CO₂	Ar	Ar+ (1%~5%) O₂	Ar+ 25%O₂	CO₂
镍-铜合金	26	30	28	—	—	22	—	—	—
镍-铬-铁合金	26	30	28	—	—	22	—	—	—
铜	30	36	33	—	—	24	22	—	—
铜-镍合金	28	32	30	—	—	23	—	—	—
硅青铜	28	32	30	28	—	23	—	—	—
铝青铜	28	32	30	—	—	23	—	—	—
磷青铜	28	32	30	23	—	23	—	—	—

注：焊丝直径为 1.6mm。

4. 焊接速度

焊接速度是熔化极氩弧焊的重要焊接参数之一。焊接速度要与焊接电流适当配合才能得到良好的焊缝成形。在输入条件不变的情况下,焊接速度过快,熔宽、熔深减小,甚至产生咬边、未熔合、未焊透等缺陷;焊接速度过慢,不但直接影响了生产率,而且还可能导致烧穿、焊接变形过大等缺陷。自动熔化极氩弧焊的焊接速度一般为 25～150m/h;半自动熔化极氩弧焊的焊接速度一般为 5～60m/h。

5. 焊丝伸出长度

焊丝的伸出长度影响焊丝的预热,决定焊接过程的稳定和焊缝质量的优劣。在一定的条件下焊丝伸出长度过长时,焊接电流减小,易导致未焊透、未熔合等缺陷;焊丝伸出长度过短时,易导致喷嘴堵塞及烧损。焊丝的伸出长度一般根据焊接电流的大小、焊丝直径及焊丝的电阻率来选择。表 3-8 给出了 H08Mn2Si 和 H06Cr19Ni9Ti 焊丝伸出长度的推荐值。

表 3-8　H08Mn2Si 和 H06Cr19Ni9Ti 焊丝伸出长度的推荐值

焊丝直径/mm	H08Mn2Si	H06Cr19Ni9Ti
0.8	6～12	5～9
1.0	7～3	6～11
1.2	8～15	7～12

6. 保护气体流量

保护气体的流量一般根据电流的大小、喷嘴孔径及接头形式来选择。对于一定直径的喷嘴,有一个最佳的流量范围,流量过大,易产生紊流,破坏焊缝成形;流量过小,气流的挺度差,保护效果不好。气体流量最佳范围通常需要通过试验来确定,一般喷嘴直径为 20mm 左右时,保护气体流量为 30~60L/min。保护效果可通过焊缝表面的颜色来判断,见表 3-9。

表 3-9　保护效果与焊缝表面颜色间的关系

母　材	最　好	良　好	较　好	不　良	最　差
不锈钢	金黄色或银色	蓝色	红灰色	灰色	黑色
钛及钛合金	亮银白色	橙黄色	蓝紫色	青灰色	白色氧化钛粉末
铝及铝合金	银白色有光亮	白色(无光)	灰白色	灰色	黑色
紫铜	金黄色	黄色	—	灰黄色	灰黑色
低碳钢	灰白色有光亮	灰色	—	—	灰黑色

7. 喷嘴至工件的距离

喷嘴至工件的距离应根据焊接电流的大小选择,距离过大时,保护效果差;距离过小时,飞溅颗粒易堵塞喷嘴,且阻挡焊工的视线。喷嘴至工件的距离推荐值见表 3-10。

表 3-10　喷嘴至工件的距离推荐值

电流大小/A	<200	200~250	350~500
喷嘴高度/mm	10~15	15~20	20~25

8. 焊枪倾角

全位置焊接时,焊枪倾角对焊接质量影响较大。焊接材料厚度大时要求熔深大,则焊枪倾角要大,焊枪近于垂直焊件。焊接材料厚度小时,则焊枪倾角要小。在焊接过程中,还需根据空间位置的变化,随时调整焊枪倾角的大小。

二、熔化极脉冲氩弧焊及其焊接参数

1. 熔化极脉冲氩弧焊的特点

熔化极脉冲氩弧焊的峰值电流以及熔滴过渡是间歇而又可控的,因而具有以下特点:

(1)具有较宽的电流调节范围　普通的喷射过渡和短路过渡焊接,因受到熔滴过渡形式的限制,所采用的焊接电流范围有限。采用脉冲电流后,可以用较小的平均电流值获得喷射过渡。对于同一直径的焊丝,通过改变脉冲频率,能在高至几百安培、低至几十安培的电流范围内稳定地进行焊接,并可以用较粗的焊丝来焊接薄板。

(2)可以进行全位置焊接　由于采用较小的平均电流进行焊接,因此,熔池体积较小,比较容易控制熔池,也不易发生熔化金属流淌现象。在峰值电流的作用下,熔滴的轴向性比较好,即使是仰焊也能迫使金属熔滴沿电弧轴向向熔池过渡,焊缝成形好,飞溅损失小。因此,熔化极脉冲氩弧焊,可以进行全位置焊接。

(3)可以有效地控制输入热量,改善接头性能 焊接高强度钢以及某些铝合金时,由于这些材料热敏感性较大,因而对母材输入的热量有一定的限制。采用普通焊接方法,只能用小的焊接热输入进行焊接,因而在焊接厚板时,容易产生未焊透及熔合不良等缺陷。若采用脉冲氩弧焊,既可以使母材得到较大的熔深,又可以得到较小的平均电流,使焊缝金属和热影响区金属过热都比较小,从而使焊接接头具有良好的韧性,减小了产生裂纹的倾向。

2. 熔化极脉冲氩弧焊的焊接参数

熔化极脉冲氩弧焊的电流参数和脉冲参数有:基值电流 I_j、脉冲电流 I_m、脉冲频率 f_m 及脉宽比 K_m 等。合理地选择和组合这些参数,可以在控制焊缝成形以及限制热输入等方面获得良好的效果。

(1)基值电流 I_j 基值电流的作用是在脉冲电弧停歇期间,维持焊丝与焊接熔池之间的导电状态,保证脉冲电弧再次燃烧稳定,同时预热焊丝和母材,使焊丝端部有一定的熔化量,为脉冲电弧期间的熔滴过渡做准备。

基值电流不宜取得过大,否则,脉冲焊接的特点就不明显,甚至在脉冲停歇期间也会产生熔滴过渡,使熔滴过渡失去可控性。同时,基值电流也不能过小,基值电流过小时电弧不稳定。

(2)脉冲电流 I_m 脉冲电流是决定脉冲能量的一个重要因素。脉冲电流影响熔滴过渡形式,同时也影响焊缝的熔深。在平均电流和送丝速度不变的情况下,脉冲电流增大,熔深增加,反之,则减小。因此,可根据焊接工艺的需要,通过调节脉冲电流的幅值来调节熔深的大小。

(3)脉冲频率 f_m 脉冲频率的大小,主要根据焊接电流来确定。如果焊接电流较大,需要选择较高的脉冲频率;如果焊接电流较小,需要选择较低的脉冲频率。但是,脉冲频率的调节范围有一定的限制。脉冲频率过高,将失去脉冲焊接的特点;脉冲频率过低,焊接过程不稳定,并且,由于脉冲时间间隔过长,还会产生焊缝两侧熔合不良等缺陷。

(4)脉宽比 K_m 脉宽比是脉冲时间与脉冲间歇时间的比值,当脉宽比较大时,脉冲焊接特点不显著。一般脉宽比不超过 50%。

脉冲焊接时,与普通的熔化极气体保护焊一样,送丝速度决定了焊接电流的数值。为了保持一定的弧长,必须使送丝速度等于焊丝熔化速度。因此,对应于一定的平均电流,要选择相应的焊丝送进速度。如果送丝速度过快,会使电弧长度缩短,造成焊丝与工件发生短路,并使飞溅增加;如果送丝速度过慢,会使电弧拉长,而发生断弧现象。当焊工调节送丝速度时,其协作装置就会自动调节波形和频率,使这种弧焊机变得非常容易使用。

脉冲射流过渡仅产生在熔化极脉冲氩弧焊中,即熔滴有节奏地向熔池中过渡,其频率与脉冲电流频率一致,并且可在较小的平均电流下实现。表 3-11 列出了熔化极脉冲氩弧焊焊接不同材料时喷射过渡的最小电流值。

表 3-11　熔化极脉冲氩弧焊焊接不同材料时喷射过渡的最小电流值

材　质	焊丝直径/mm			
	$\phi 1.2$	$\phi 1.6$	$\phi 2$	$\phi 2.5$
铝	20～25	25～30	40～45	60～70
铝镁合金	25～30	30～40	50～55	75～80
铜	40～50	50～70	75～85	90～100
不锈钢	60～70	80～90	100～110	120～130
钛	80～90	100～110	115～125	130～145
低合金钢	90～110	110～120	120～135	145～160

第五节　熔化极氩弧焊的缺陷

一、熔化极氩弧焊缺陷的种类和产生原因

1. 熔化极氩弧焊缺陷的种类

熔化极氩弧焊的常见缺陷有:焊缝成形不良、夹渣或氧化膜夹层、气孔、烧穿、未焊透或未熔合、咬边、裂纹等。

2. 熔化极氩弧焊缺陷产生的原因

(1)焊缝成形不良产生的原因　焊丝未经校直或校直效果不好;导电嘴磨损造成电弧摆动;焊接速度过低;焊丝伸出长度过长。

(2)夹渣或氧化膜夹层产生的原因　前层焊缝焊渣未去除干净;小电流低速焊接时熔敷过多;采用左焊法操作时,熔渣流到熔池前面;焊枪摆动过大,使熔渣卷入熔池内部。

(3)气孔产生的原因　焊丝表面有油、锈和水;氩气保护效果不好;保护气体纯度不够;焊丝内硅、锰含量不足;焊枪摆动幅度过大,破坏了氩气的保护作用。

(4)烧穿产生的原因　给定的坡口,焊接电流过大;坡口根部间隙过大;钝边过小;焊接速度小,焊接电流大。

(5)未焊透或未熔合产生的原因　焊接电流太小;焊丝伸出长度过长;焊接速度过快;坡口角度及根部间隙过小,钝边过大;送丝不均匀。

(6)咬边产生的原因　焊接参数不当;操作不熟练。

(7)裂纹产生的原因　焊丝与焊件均有油、锈、水等;熔深过大;多层焊时第一层焊缝过小;焊后焊件内有很大的应力。

二、防止熔化极氩弧焊缺陷的主要措施

1. 防止焊缝成形不良的主要措施

检修、调整焊丝校直机构；更换导电嘴；调整焊接速度；调整焊丝伸出长度。

2. 防止夹渣或氧化膜夹层产生的主要措施

认真清理每一层焊渣；调整焊接电流与焊接速度；改进操作方法使焊缝稍有上升坡度，使熔渣流向后方；调整焊枪摆动幅度，使熔渣浮到熔池表面。

3. 防止气孔产生的主要措施

认真进行焊件及焊丝的清理；加大氩气流量，清理喷嘴堵塞或更换保护效果好的喷嘴，焊接时注意防风；必须保证氩气纯度大于 99.99%；更换合格的焊丝进行焊接；尽量采用平焊，操作空间不要太小；提高操作技能。

4. 防止烧穿产生的主要措施

按工艺规程调节焊接电流；合理选择坡口根部间隙；根据钝边、根部间隙情况选择焊接电流；合理选择焊接参数。

5. 防止未焊透或未熔合产生的主要措施

加大焊接电流；调整焊丝的伸出长度；调整焊接速度；调整坡口尺寸；检查、调整送丝机构。

6. 防止咬边产生的主要措施

选择合适的焊接参数；提高操作技术。

7. 防止裂纹产生的主要措施

焊前仔细清除焊丝、焊件表面的油、锈、水分等污物；合理选择焊接电流与电弧电压；提高打底层的焊缝质量；合理选择焊接顺序及进行消除内应力热处理。

第四章　半自动熔化极氩弧焊工艺技术(初级工)

第一节　半自动熔化极氩弧焊基本操作技术

一、半自动熔化极氩弧焊的基本操作方法

1. 左焊法和右焊法

半自动熔化极氩弧焊的操作方法,按其焊枪的移动方向可分为左焊法(向左移动)和右焊法(向右移动),如图 4-1 所示。

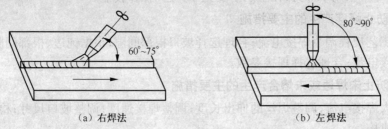

（a）右焊法　　　　　　　　　　　（b）左焊法

图 4-1　左焊法和右焊法示意图

如图 4-1(a)所示,采用右焊法时,熔池可见度及气体保护效果都比较好,但焊接时不便观察焊缝的间隙,容易焊偏。采用右焊法时,由于电弧对熔池有冲击作用,如果操作不当,可使焊波高度过大,影响焊缝成形。

如图 4-1(b)所示,采用左焊法时,喷嘴不会挡住焊工视线,能够清楚地看到焊缝,故不容易焊偏,并且能够得到较大的熔宽,焊缝成形比较平整美观,因此,一般都采用左焊法。

2. 操作姿势

半自动熔化极氩弧焊施焊时操作姿势与 CO_2 半自动焊焊接操作姿势相似。

①保持正确的持枪姿势,根据施焊位置,操作时灵活地用身体的某个部位承担焊枪的质量,保证持枪手臂处于自然状态,手腕能够灵活自由地带动焊枪进行各种操作。

②焊接过程中,软管电缆要有足够的拖动余量,以保证可以随意拖动焊枪,并能维持焊枪倾角不变,同时能够清楚、方便地观察熔池。

③送丝机要放到合适的位置,满足焊枪能够在施焊范围内自由移动。

④焊接过程中,焊工必须正确控制焊枪与焊件间的倾角及喷嘴与焊件间的高度,使焊枪保持合适的相对位置,并能保证焊工方便地观察熔池,控制焊缝形状。

⑤整个焊接过程中,必须保持焊枪匀速前进,摆幅一致。实际操作时,焊工应

根据焊接电流大小、熔池形状、熔合情况、装配间隙以及钝边大小等现场条件,灵活地调整焊枪前进速度和摆幅大小,力求获得合格的焊缝。

二、半自动熔化极氩弧焊焊枪的摆动方式

为控制焊缝的宽度和保证焊缝质量,半自动熔化极氩弧焊施焊时,焊枪也要做相应的摆动。为了减少热输入,减小热影响产生的变形,通常采用多层多道焊的方法来施焊。焊枪的摆动方式及应用范围见表 4-1。

表 4-1 焊枪的摆动方式及其应用范围

应用范围及要点	摆动形式
薄板及中厚板打底焊道	◄───────────
薄板根部有间隙、坡口有钢垫板时	◄──►◄──►◄──►◄──►
坡口小时及中厚板底焊道,在坡口两侧需停留0.5s 左右	∧∧∧∧∧∧∧∧∧∧∧
厚板焊接时的第二层以后的横向摆动,在坡口两侧需停留 0.5s 左右	∧∧∧∧∧∧∧∧∧∧∧
多层焊时的第一层	ℓℓℓℓℓ
坡口大时,在坡口两侧需停留 0.5s 左右	﹚﹚﹚﹚﹚

三、半自动熔化极氩弧焊的引弧技术

半自动熔化极氩弧焊通常采用短路接触法引弧。由于平特性弧焊电源的空载电压低,又是光焊丝,在引弧时,电弧稳定燃烧点不易建立,使引弧变得比较困难,往往造成焊丝成段地爆断,所以,引弧前要把焊丝伸出长度调好。如果焊丝端部有粗大的球形头,应用钳子剪掉。引弧前要选好适当的引弧位置,起弧后要灵活掌握焊接速度,以避免焊缝始段出现熔化不良和使焊缝堆得过高的现象。半自动熔化极氩弧焊引弧的具体操作步骤如图 4-2 所示。

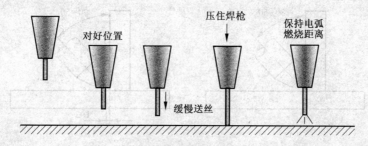

图 4-2 半自动熔化极氩弧焊的引弧过程

①引弧前先按遥控盒上的点动开关或按焊枪上的控制开关,点动送出一段焊丝,伸出长度小于喷嘴与焊件间应保持的距离。

②将焊枪按要求(保持合适的倾角和喷嘴高度)放在引弧处,喷嘴高度由焊接电流决定。若操作不熟练时,最好双手持枪。

③按动焊枪上的控制开关,弧焊机自动提前送气,延时接通电源,保持高电压,当焊丝碰撞焊件短路后,自动引燃电弧。短路时,焊枪有自动顶起的倾向,引弧时要稍用力下压焊枪,防止因焊枪抬高,电弧太长而熄灭。

四、半自动熔化极氩弧焊的收弧技术

半自动熔化极氩弧焊机有弧坑控制电路时,焊枪在收弧处停止前进,同时接通电路,焊接电流与电弧电压自动变小,待熔池填满时断电。若弧焊机没有弧坑控制电路,或因焊接电流小而没有使用弧坑控制电路时,在收弧处焊枪停止前进,并在熔池未凝固时,反复做断弧、引弧操作,直至弧坑填满为止。操作时动作要快,如果熔池已凝固才引弧,则可能产生未熔合及气孔等缺陷。

收弧时应在弧坑处稍作停留,然后慢慢地抬起焊枪,这样就可以使熔滴金属填满弧坑,并使熔池金属在未凝固前仍受到气体的保护。若收弧过快,容易在弧坑处产生裂纹和气孔。

五、半自动熔化极氩弧焊各种位置焊接的操作技巧

1. 平焊

平板对接焊一般多采用左焊法。薄板对接平焊时,焊枪做直线运动。如果有间隙,焊枪可做适当的摆动,但幅度不宜过大,以免影响气体对熔池的保护作用。中、厚板 V 形坡口对接平焊时,底层焊缝焊枪应采用直线运动,上层焊缝焊枪可做适当的横向摆动。

平角焊和搭接焊,采用左焊法或右焊法均可。不过右焊法的外形较为饱满,焊接时,要根据板厚和焊脚尺寸来控制焊枪的角度。不等厚焊件的 T 形接头平角焊接时,要使电弧偏向厚板,以使两板加热均匀。等厚板焊接时,如果焊脚尺寸小于 5mm 时,可将焊枪直接对准夹角处,其焊枪的位置如图 4-3(a)所示;当焊脚尺寸大于 5mm 时,需将焊枪水平偏移 1~2mm,同时焊枪与焊接方向保持 75°~80°的夹角,如图 4-3(b)所示。

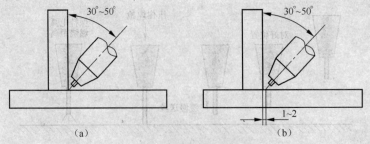

图 4-3　平角焊时焊枪的位置

2. 立焊和横焊

立焊有两种操作方法：一种是由下向上的焊接方法,这种方法焊缝熔深较大,操作时如适当地做三角形摆动,可以控制熔宽,并可改善焊缝的成形,一般多用于中、厚板的细丝焊接;另一种是由上向下的焊接方法,这种方法速度快,操作方便,焊缝平整美观,但熔深浅,接头强度较差,一般多用于薄板焊接。

横焊多采用左焊法,焊枪做直线运动,也可做小幅度的往复摆动。立焊和横焊时焊枪与焊件的相对位置如图 4-4 所示。

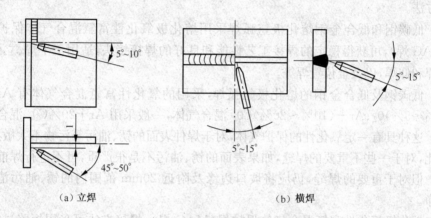

（a）立焊　　　　　　　　　　　　　　（b）横焊

图 4-4　立焊和横焊时焊枪的位置

3. 仰焊

仰焊应采用较细的焊丝,较小的焊接电流及短弧,以增加焊接过程的稳定性。富氩混合保护气体中二氧化碳气体流量要比平焊、立焊时稍大一些。薄板件仰焊,一般多采用小幅度的往复摆动。中、厚板仰焊,应做适当横向摆动,并在接缝或坡口两侧稍停片刻,以防焊波中间凸起及液态金属下淌。仰焊时焊枪和焊件的相对位置如图 4-5 所示。

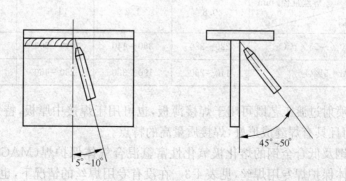

图 4-5　仰焊时焊枪的位置

第二节 低碳钢和低合金钢的熔化极氩弧焊

一、低碳钢和低合金钢熔化极氩弧焊的特点

低碳钢和低合金钢可采用焊条电弧焊、埋弧自动焊、钨极氩弧焊、熔化极氩弧焊、CO_2 气体保护焊和电渣焊等焊接方法。这主要取决于产品结构、板厚、性能要求和生产条件等。其中埋弧自动焊、焊条电弧焊和 CO_2 气体保护焊是常用的焊接方法。

低碳钢和低合金钢熔化极氩弧焊采用熔化极氧化性富氩混合气体保护焊(MAG 焊),可获得稳定的焊接工艺性能和良好的焊接接头,适用于平焊、立焊、横焊和仰焊,以及全位置焊等。

低碳钢及低合金钢的熔化极氩弧焊,采用的氧化性富氩混合气体有 Ar+(1%～5%)O_2,Ar+(10%～20%)CO_2 混合气体,一般采用 Ar+20%CO_2 混合气体。这种具有一定氧化性的保护气体,对于焊件表面的锈、油污等污物不太敏感,因此,对于一些不重要的焊缝,如果表面的锈、油污不是很严重,可不进行焊前清理。但对于重要的焊缝,仍应将坡口边缘及附近 20mm 范围内的锈、油污清理干净。

熔化极氧化性富氩混合气体保护焊(MAG 焊),焊接方法可采用短路过渡、喷射过渡和脉冲喷射过渡。其短路过渡比 CO_2 焊短路过渡更稳定,飞溅更小。可焊接 0.4mm 的薄板,并可进行全位置焊接。可选用 ϕ0.4～1.2mm 焊丝(焊丝很细时应使用拉丝式焊枪)。一般使用右焊法。

采用喷射过渡进行焊接时,喷射过渡临界电流值会随着 O_2 或 CO_2 气体含量的增大而增大,表 4-2 给出了不同条件下喷射过渡电流范围。

表 4-2 不同条件下喷射过渡电流范围 (A)

焊丝直径/mm　　　保护气体	0.8	1.2	1.6	2.0
Ar+(20%～25%)CO_2	220～280	380～440	440～500	520～600
Ar+5%O_2	140～260	190～320	250～450	270～530

脉冲喷射过渡工艺既可用于焊接薄板,也可用于焊接中厚板,特别适合全位置焊接,而且具有焊缝成形好,焊接质量高的特点。

低碳钢及低合金钢的熔化极氧化性富氩混合气体保护焊(MAG 焊)最好选用混合气体保护焊专用焊丝,见表 4-3。在没有专用焊丝的情况下,也可选用 CO_2 焊焊丝。

表 4-3 低碳钢及低合金钢的熔化极氧化性富氩混合气体保护焊(MAG 焊)
专用焊丝(北京钢铁研究总院生产)

牌号	对应的 AWS 型号	化学成分/%								熔敷金属力学性能			
		C	Si	Mn	S	P	Mo	Ni	其他	σ_b /MPa	$\sigma_{0.2}$ /MPa	δ_5 /%	A_{kv}/J
GHS60	ER80S—G	0.07	0.6	1.45	≤0.030	≤0.030	0.38	—	—	670	545	25	85(−40℃)
GHS60N	—	0.08	0.52	1.35	≤0.030	≤0.030	0.46	0.83		700	620	24	80(−40℃)
GHS70	ER100S—G	0.07	0.45	1.24	≤0.030	≤0.030	0.42	0.51		750	700	21	100(−40℃)
GHS80B	ER110S—G	0.07	0.43	1.20	≤0.030	≤0.030	0.48	2.5	0.48Cr	840	735	20	90(−40℃)
GHS80C	ER110S—G	0.08	0.41	1.12	≤0.030	≤0.030	0.52	2.4	0.4Cu	865	790	16	85(−40℃)

二、低碳钢和低合金钢熔化极氩弧焊的工艺

1. 低碳钢及低合金钢短路过渡典型焊接工艺

低碳钢及低合金钢 MAG 焊,短路过渡典型焊接参数见表 4-4。

表 4-4 低碳钢及低合金钢 MAG 焊短路过渡典型焊接参数

接头类型	板厚 /mm	焊丝直径 /mm	间隙 /mm	焊脚 /mm	焊丝伸出长度/mm	焊接电流 /A	电弧电压 /V	焊接速度 /mm·min⁻¹
对接	0.4	0.4	0	—	5~8	20	15	400
	0.6	0.4~0.6	0	—	5~8	25	15	300
	0.8	0.6~0.8	0	—	5~8	30~40	15	400~550
	1.2	0.8~0.9	0	—	6~10	60~70	15~16	300~500
	1.6	0.8~0.9	0	—	6~10	100~110	16~17	400~600
	3.2	0.8~1.2	1.0~1.5	—	10~12	120~140	16~17	250~300
	4.0	1.0~1.2	1.0~1.2	—	10~12	150~160	17~18	200~300
角接	0.6	0.4~0.6	0	2	5~8	30~40	14	40~50
	1.0	0.6~0.8	0	2~2.5	5~8	40~60	14~15	40
	1.6	0.6~0.8	0~1.0	2	6~10	90~100	15~16	40~50
	2.4	0.8~1.0	0~1.0	3.5	10~12	110~120	16~17	35~40
	3.2	0.8~1.2	0~1.0	4.0	10~12	120~135	17~18	30~35

2. 低碳钢及低合金钢脉冲喷射过渡典型焊接工艺

低碳钢及低合金钢 MAG 焊脉冲喷射过渡典型焊接参数见表 4-5。

表 4-5 低碳钢及低合金钢 MAG 焊脉冲喷射过渡典型焊接参数

接头类型	板厚/mm	焊脚/mm	坡口类型	焊接顺序	焊接电流/A	电弧电压/V	焊接速度/mm·min⁻¹
对接	6	—		1	170	26	300
	6	—		2	180	27	300
	9	—		1	270	30	300
	9	—		2	290	31	300
	12			1	280	31	400
	12			2	330	34	400
	16			根部焊道1	300	32	450
	16			盖面焊道1	340	33	450
	16			根部焊道2	300	32	450
	16			盖面焊道2	280	31	450
角接	3.2	3~4		1	150	27	600
	4.5	5		1	170	27	400
	6.0	6		1	200	28	400
	8	7		1	250	30	350
	12	10		1	180~200	26~27	450
	12	10		2	180~200	26~28	450
	12	10		3	180~200	26~28	450
	16	12		1	220~230	26~28	450
	16	12		2	220~230	26~28	450
	16	12		3	210~220	26~28	450

第五章　二氧化碳气体保护焊工艺知识(中级工)

第一节　二氧化碳气体保护焊的过程

一、二氧化碳气体保护焊的冶金特点

二氧化碳气体保护焊是活性气体保护焊。CO_2 在常温下呈中性,但高温时可分解,会使合金元素氧化烧损,降低焊缝金属的力学性能,同时成为产生气孔及飞溅的主要原因。

CO_2 气体在电弧高温作用下分解,温度越高,CO_2 的分解程度越大。其化学反应式为:$2CO_2 = 2CO + O_2$。CO_2 在金属熔点以下的温度,可与金属发生氧化反应,但是,在这个温度时焊缝已经结晶形成,所以,这种氧化作用可以忽略。

O_2 的氧化作用都是以原子态的 O 进行的。在电弧区内,焊丝末端、熔滴和熔池的金属都能被氧化。所以,钢铁中所含的合金元素如 Si、(硅)Mn(锰)和 C(碳)及 Fe(铁)会被氧化,锰和硅生成新的氧化 MnO 和 SiO_2 以熔渣的形式浮出,覆盖在焊缝表面。焊缝中锰和硅的元素减少,力学性能降低。

铁氧化生成 FeO,大量溶于熔池中,极小一部分浮出熔池表面成为焊渣,而绝大部分的 FeO 仍熔在熔池金属中,当它与钢铁中所含的 C 相遇时,会发生反应:$FeO + C = Fe + CO$。CO 从熔液中冒泡涌出,产生飞溅,同时,熔滴也因 CO 逸出而爆破,从而使金属飞溅更大。因此,使用普通焊丝进行 CO_2 焊接时,金属飞溅相当严重。另一方面当熔池处在凝固结晶时,CO 不能逸出使焊缝产生气孔。还有,钢铁所含的 C 氧化生成 CO 从熔池中逸出也会产生金属飞溅和焊缝气孔。

综上所述,要获得高质量的焊缝,必须采取有效的脱氧措施。在 CO_2 焊接中,通常的脱氧方法是采用含有足够脱氧元素的焊丝。CO_2 焊用于焊接低碳钢和低合金高强度钢时,主要采用硅锰联合脱氧的方法,即采用硅锰钢焊丝,如 H08Mn2SiA。硅锰脱氧后生成的 SiO_2 和 MnO 复合成熔渣,很容易浮出熔池,形成一层微薄的渣壳覆盖在焊缝的表面。

二、二氧化碳气体保护焊过程中的熔滴过渡

CO_2 焊是一种熔化极电弧焊的焊接方法。焊丝除了作为电极起导电作用之外,焊丝末端因接受电弧热量而熔化,在焊丝末端形成熔滴。熔滴由小而大,然后脱落,穿过电弧空间过渡到熔池中去,与已被熔化的母材金属共同形成焊缝,整个过程称为熔滴过渡。

CO_2 焊的熔滴过渡有三种形式:短路过渡、颗粒过渡和射流过渡。

1. 短路过渡

当进行短弧 CO_2 焊时,采用细焊丝($\phi \leqslant 1.2mm$),使用小焊接电流,低电弧电压。因弧长较短($2 \sim 3mm$),焊丝末端形成的熔滴在尚未充分长大,且未脱落时便与熔池的表面接触,形成电弧两极的短路,在短路电流产生的电磁收缩力、熔滴自身重力和熔池表面张力等作用下,迅速溶入熔池的过程叫熔滴短路过渡。

熔滴短路过渡过程如图 5-1 所示。电弧加热焊丝末端,使之熔化后形成熔滴,如图 5-1(a)所示。熔滴不断长大,使电弧缩短,熔滴接近熔池,如图 5-1(b)所示。随后熔滴接触熔池表面,电弧两极短路,电弧熄灭,熔滴开始向熔池过渡,如图 5-1(c)所示。由于短路焊接电流增大,电磁收缩力也增大,在电磁收缩力的作用下,处于熔池和焊丝之间的短路熔滴很快变细,成为缩颈小桥,如图 5-1(d)所示。熔滴完全溶入熔池,短路电路被爆断,有少量金属飞溅,电弧重新燃起,如图 5-1(e)所示。

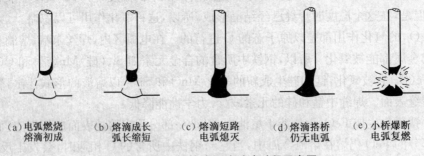

(a)电弧燃烧　　(b)熔滴成长　　(c)熔滴短路　　(d)熔滴搭桥　　(e)小桥爆断
　熔滴初成　　　弧长缩短　　　电弧熄灭　　　仍无电弧　　　电弧复燃

图 5-1　CO_2 焊熔滴短路过渡过程示意图

短路过渡时电弧稳定,飞溅小,焊缝成形好,被广泛用于薄板和空间位置的焊接。短路过渡时,熔滴越小,过渡越快,焊接过程越稳定。也就是说,短路的频率越高,焊接过程越稳定。为了获得最高的短路频率,要选择最合适的电弧电压,对于直径为 $0.8 \sim 1.2mm$ 的焊丝,电弧电压为 20V 左右,最高短路频率约 100Hz。当采用短路过渡形式焊接时,由于电弧不断地发生短路,可听见均匀的"啪啪"声。

当电弧电压太低时,则弧长很短,短路频率很高,电弧燃烧时间短,可能焊丝端部还来不及熔化就插入熔池,发生固体短路。因短路电流很大,致使焊丝突然爆断,产生严重的飞溅,使焊接过程极不稳定。

2. 颗粒过渡

当进行长弧 CO_2 焊时,要使用较大焊接电流,较高电弧电压。因弧长较长(约 5mm),焊丝末端生成的熔滴得以充分地长大,在斑点压力(电弧空间的带电质点对焊丝电极斑点的作用力)、熔滴自身重力和熔池表面张力等作用下脱落,经过电弧空间而落入熔池的过程称为熔滴颗粒过渡。

颗粒过渡的每一个熔滴都经过了生成、长大、脱落和进入熔池这几个清晰而完整的过程。熔滴颗粒过渡过程如图 5-2 所示。

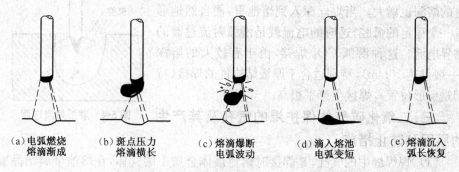

(a)电弧燃烧　　(b)斑点压力　　(c)熔滴爆断　　(d)滴入熔池　　(e)熔滴沉入
　　熔滴渐成　　　　熔滴横长　　　电弧波动　　　电弧变短　　　弧长恢复

图 5-2 CO_2 焊熔滴颗粒过渡过程示意图

颗粒过渡的熔滴粒度的大小主要与焊接电流有关。当焊接电流较大时,熔滴较细,过渡频率较高,此时飞溅少,焊接过程稳定,焊缝成形良好,焊丝熔化效率高,适于中、厚板的焊接。当电弧电压较高、弧长较大但焊接电流较小时,熔滴较大,焊丝端部形成的熔滴不仅左右摆动,而且上下跳动,最后落入到熔池中,因此,飞溅较多,焊缝成形不好,焊接过程很不稳定,没有应用价值。

3. 射流过渡

当进行 CO_2 长弧焊接时,在颗粒过渡的基础上,再增大焊接电流,则焊丝熔化速度增大,焊丝末端的熔化金属受到强大的电磁力和等离子流力的作用,呈细小熔滴脱离焊丝,沿着焊丝中轴线,迅速地通过电弧而落入熔池的过程称为熔滴射流过渡。射流过渡又称喷射过渡。射流过渡的熔滴直径约为焊丝直径的一半。射流过渡过程如图 5-3 所示。

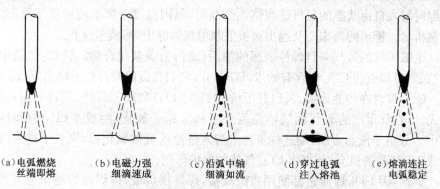

(a)电弧燃烧　　(b)电磁力强　　(c)沿弧中轴　　(d)穿过电弧　　(e)熔淌连注
　　丝端即熔　　　细滴速成　　　细滴如流　　　注入熔池　　　电弧稳定

图 5-3 CO_2 焊熔滴射流过渡过程示意图

射流过渡有两种形态,一种如图 5-3 所示,表现为电流大、电弧电压高,电弧产生在焊件钢板表面以上,称为明弧射流过渡。另一种如图 5-4 所示,表现为电流大、电弧电压较低,电弧潜入到焊件表面以下,称为潜弧射流过渡。

CO_2 焊的射流过渡从明弧转变成潜弧,是在粗焊丝、大焊接电流和低电弧电压的条件下发生的。在这样的条件下,电流增大,母材的熔深也增大。当焊丝深入到熔池里,便自然地形成一个稳定的弧腔,这时的电流就是潜弧射流过渡的临界电流。这种潜弧 CO_2 焊接,由于有较大的熔深(一般可达 10mm),特别适合于厚板结构件的焊接(特别是船形位置),焊接生产率很高。

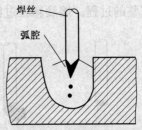

图 5-4　潜弧射流过渡

三、二氧化碳气体保护焊的气孔及其产生的原因和防止措施

CO_2 焊焊缝中的气孔,是焊接时熔池液体金属中的气体,在熔池金属结晶凝固时,没有来得及逸出形成的。由于 CO_2 气流的强冷却作用,使 CO_2 焊的熔池凝固很快,只要熔池中有气体生成,极易在焊缝中形成气孔。CO_2 焊接过程中,有可能产生的气孔主要有一氧化碳气孔、氢气孔和氮气孔。

1. 一氧化碳(CO)气孔

CO_2 焊熔池中的 CO 来源于化学反应:$FeO+C=Fe+CO\uparrow$,反应产物 CO 如果不能在熔池凝固前逸出,留在焊缝中,就会形成气孔。

在选择 CO_2 的焊丝时,要限制焊丝中 C 的含量。同时,焊丝中含有足够量的脱氧元素如 Si 和 Mn,使 FeO 得以还原,焊接时熔池中的 CO 含量减少,从而可以防止 CO 气孔的生成。因此,CO_2 焊只要能够正确地选择焊丝,是可以避免产生CO 气孔的。

2. 氢(H_2)气孔

氢能够熔解在液态金属中,温度不同,溶解度也不同。CO_2 焊时,焊接熔池在高温时溶入自由状态的氢气。当熔池结晶时,氢因温度下降而溶解度下降,多余的氢析出。析出的氢来不及逸出而被强制留在焊缝中,形成氢气孔。

电弧区域的氢气来自焊件表面的油污(油污为碳氢化合物)、铁锈(铁锈中含有结晶水)和瓶装 CO_2 中含有的水(H_2O)分,它们在高温时都能分解出氢(H_2)。

CO_2 焊时在熔池表面,氢以分子(H_2)、原子(H)和离子(H^+)三种形态存在。首先,CO_2 气罩内的氧化性气体将氢分子和氢原子氧化,生成水(H_2O)和羟基(OH),并溶于液态金属,使这些氢在未溶入熔池前就被氧化掉,失去了进入熔池生成 H_2 气孔的机会,体现出 CO_2 气体的保护作用。

其次,因 CO_2 焊通常都使用直流反接,焊件接负极,即焊接熔池作为电弧的负极,向电弧发射大量电子,这就使熔池表面上聚集的带正电荷的氢离子(H^+)吸收电子复合为氢原子,从而大大减少了进入熔池的氢离子的数量。在其他条件完全相同的条件下,直流反接焊接的焊缝氢含量仅是直流正接焊缝氢含量的 20%～30%。

通过上述的双重作用,使氢的危害几乎根除,所以 CO_2 焊接对焊件表面的油污、铁锈及水分并不敏感,具有较强的抗锈和抗潮能力。

3. 氮(N_2)气孔

CO_2焊时,如果氮气溶入熔池,当熔池结晶时,因温度下降而从液态金属中析出的氮气,来不及逸出被留在焊缝金属中,就形成了氮气孔。

焊接区域氮的来源:一是焊接时CO_2气罩保护不好,使电弧周围的空气侵入,带进氮气;二是瓶装的CO_2气体不纯,含有杂质氮气。实际上,正常使用的瓶装CO_2中,杂质N_2含量很小,不会超过1‰。因此,CO_2焊产生氮气孔的主要原因就是CO_2气罩的保护被破坏,大量空气侵入焊接区域所致。

4. CO_2焊气孔的防止措施

CO_2焊接时,防止一氧化碳气孔、氢气孔和氮气孔的措施有以下几点:

①焊接材料的选择。选用低碳且有充分含量的Si、Mn等脱氧剂的焊丝;选用纯度较高、水分较少的CO_2气体。

②焊前清理焊件表面。焊前对焊件表面及焊丝表面的铁锈、油污等脏物进行清洗或打磨处理。

③选择性能优良的弧焊机。CO_2气路系统要设干燥器,并定时更换干燥剂;焊枪气路要严密;喷嘴结构合理,定时清理内部的飞溅颗粒;送丝机工作可靠,速度稳定,调节方便。

④使用合理的焊接工艺规范。采用直流反接;焊接电流、电弧电压、焊接速度、气体流量、焊丝伸出长度、喷嘴号数和喷嘴高度等工艺参数,都要严格按照经过工艺评定试验所验证的焊接工艺规范选用。

四、减少二氧化碳气体保护焊飞溅的主要措施

焊接飞溅是CO_2焊最主要的缺点。目前为减少CO_2焊的飞溅主要采取以下措施:

1. 正确选择焊接参数

(1)焊接电流和电弧电压 在CO_2焊中,不同直径的焊丝,其飞溅率与焊接电流之间都存在如图5-5所示的规律。在小电流的短路过渡区(图5-5的1区),焊接飞溅率较小,进入大电流的细颗粒过渡区(图5-5的3区)后,焊接飞溅率也较小,而在中间区(图5-5的2区)焊接飞溅率最大。

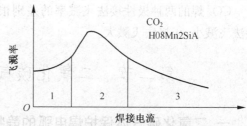

图5-5 CO_2焊飞溅率与焊接电流的关系
1. 短路过渡区 2. 中等电流区 3. 细颗粒过渡区

以直径1.2mm的焊丝为例,当焊接电流小于150A或大于300A时,焊接飞溅率都较小,介于两者之间,则焊接飞溅率较大。

在选择焊接电流时,应尽可能避开焊接飞溅率高的电流区域。一般焊接薄板要用小电流,焊接厚板要用大电流。焊接电流确定后再匹配适当的电弧电压。

(2)焊丝伸出长度　焊丝伸出长度越长,焊接飞溅越大。例如,直径 1.2mm 的焊丝,焊接电流 280A 时,当焊丝伸出长度从 20mm 增加至 30mm 时,焊接飞溅量增加约 5%。因此,焊丝伸出长度应尽可能缩短。

2. 采用低飞溅焊丝

对于实芯焊丝,在保证接头力学性能的前提下,若尽量降低其含碳量,并适当增加 Ti(钛)、A1(铝)等合金元素,都可有效降低焊接飞溅。另外,采用药芯焊丝 CO_2 焊可以大大降低焊接飞溅。药芯焊丝的焊接飞溅约为实芯焊丝的 1/4。

3. 改进焊接电源

CO_2 焊飞溅主要发生在短路过渡的最后阶段。此时由于短路电流急剧增大,使得液桥金属迅速加热,造成热量聚集,最后造成液桥爆裂而产生飞溅。从改进焊接电源方面考虑,主要采用在焊接回路中串接电抗器和电阻、电流切换、电流波形控制等方法,减小液桥爆裂电流,从而减小焊接飞溅。目前,晶闸管式波控 CO_2 弧焊机及逆变晶体管式波控 CO_2 弧焊机,在减小 CO_2 焊的飞溅方面取得了成功。

4. 在 CO_2 气体中加入氩气

在 CO_2 气体中加入一定量的氩气后,随着氩气比例的增加,焊接飞溅逐渐减小。另外采用 CO_2 气体中加氩气的混合气体保护焊,也改善了焊缝成形。

5. 控制焊枪角度

当焊枪垂直于焊件焊接时,焊接飞溅量最少,倾斜角度越大,飞溅越多。焊接时,焊枪的倾斜角度最好不要超过 20°,如图 5-6 所示。

6. 采用直流反接

CO_2 焊的两种极性接法飞溅率的差别很大,反接法飞溅小,正接法飞溅大。

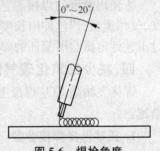

图 5-6　焊枪角度

第二节　二氧化碳气体保护焊电源

一、二氧化碳气体保护焊电弧的静特性

1. CO_2 焊电弧的静特性曲线

焊接电弧静特性是指在电极材料、气体介质和弧长一定的情况下,电弧稳定燃烧时,电弧电压与焊接电流变化的关系,一般也称伏安特性。焊接电弧静特性曲线形状,如图 5-7 所示,可以分为 3 个区段:下降特性段,水平特性段和上升特

性段。

各种电弧焊的电弧静特性曲线形状不同，如图 5-8 所示。焊条电弧焊电弧静特性曲线呈下降和水平状（50A 以上绝大部分）。埋弧自动焊电弧静特性曲线呈水平状（焊丝细电流大时略为上升）。钨极氩弧焊电弧静特性曲线呈下降和水平状。熔化极气体保护焊（包括 CO_2 焊）和熔化极氩弧焊的电弧静特性曲线呈上升状。

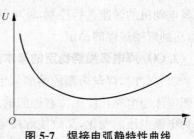

图 5-7　焊接电弧静特性曲线

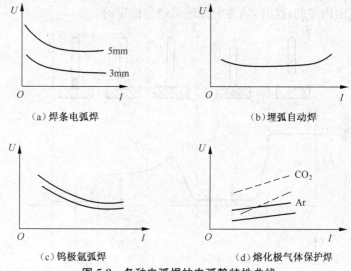

（a）焊条电弧焊　　　　　　　　　　（b）埋弧自动焊

（c）钨极氩弧焊　　　　　　　　　　（d）熔化极气体保护焊

图 5-8　各种电弧焊的电弧静特性曲线

如图 5-9 所示，是三种焊丝直径（1.0、1.6 和 2.0mm）CO_2 焊电弧静特性的实测曲线。由图可知，焊丝直径越细，曲线上升的斜率越大；而焊丝直径越粗，曲线上升的斜率越低，越趋于平坦。当 CO_2 自动焊焊丝直径大于 2mm 时，电弧静特性曲线趋于水平。

由于在焊接应用的有效电弧长度范围内，且电弧稳定燃烧的条件下，电弧电压与电弧长度保持着近

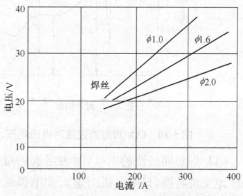

图 5-9　实测 CO_2 焊电弧静特性曲线

似的正比关系。因此，在 CO_2 焊工艺实施过程中，将电弧电压的波动视为电弧长度的波动。所以，常将电弧电压这个焊接热输入参数选作反馈信号的反馈量，对

送丝电动机的转速进行控制,使电弧长度趋于稳定,从而保证焊接电弧燃烧的稳定,达到焊接过程的稳定。

2. CO_2 焊电弧燃烧稳定的基本条件

CO_2 焊时,焊丝末端的熔滴从形成、长大到脱落,电弧长度发生了变化。由于电弧电压与电弧长度保持着近似的正比关系,因此,电弧电压发生了相应的改变。因为电弧电压的变化,又致使焊接电流同时发生相应的变化。CO_2 焊熔滴过渡时电弧电压、焊接电流动态变化曲线,如图 5-10 所示。通常 CO_2 焊在某种条件下,电弧能在较长时间连续地周期性地保持其宏观状态不变,电弧电压、焊接电流保持在一定范围内波动,这时,认为电弧的燃烧是稳定的。

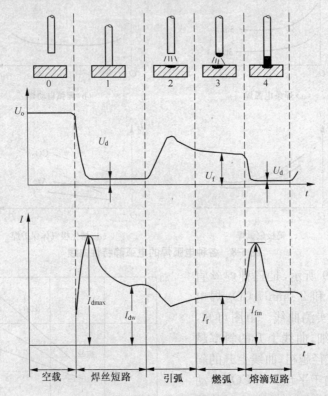

图 5-10 CO_2 焊熔滴过渡时电弧电压、焊接电流动态变化曲线示意图

CO_2 焊短路过渡的电弧,因为熔滴的过渡特点,存在着电弧的熄灭、复燃,周期性地交替转换,只要电弧的熄灭和电弧的复燃能保持周期性地转换,并能长时间地维持,就应该认为这种电弧是稳定的。

CO_2 半自动焊保证电弧燃烧稳定,满足的条件有两个:其一,是焊接电源必须有良好的动特性,并且应选择合适的焊接参数;其二,是送丝机构向电弧送丝的速度和焊丝在电弧中熔化的速度必须相等。

二、二氧化碳气体保护焊电源的要求

1. CO_2 焊电源为直流电源

为获得稳定的电弧,当前,国内外的 CO_2 弧焊机都使用直流电源。

2. 空载电压稍高于电弧电压

CO_2 焊电源的空载电压主要为了保证引弧,所以其空载电压较高,一般都是焊接电弧电压的 3 倍左右。

CO_2 半自动焊使用细焊丝,焊接电流密度大,电弧容易引燃,而且弧焊机的控制系统又设置了引弧控制电路,电弧的引燃更加可靠,因此,CO_2 半自动焊电源的空载电压稍高于电弧电压即可。

对于 CO_2 自动焊的电源,由于使用的焊丝较粗,在控制上又没有特殊装置,所以,其空载电压与电弧电压较高的埋弧焊相当。

3. 合适的电源外特性曲线

电弧焊电源在稳定状态向外输出的电压和电流的关系曲线叫外特性曲线,也称电源静特性。

(1)细丝 CO_2 焊等速送丝采用平硬外特性电源电弧最稳定　等速送丝的细丝 CO_2 焊电弧静特性曲线呈上升状,应当与平硬外特性的电源相匹配。如图 5-11 所示,用降特性(D_g)和平特性(D_p)两个电源外特性曲线作一比较,D_g 和 D_p 同与上升静特性电弧 l_0 交于 A_0,稳定工作;当弧长变化相同,从 $l_0 - l_1$ 时,两个电源外特性曲线都会产生电流偏差 ΔI。从图 5-11 中比较可以看出 $\Delta I_p > \Delta I_g$,说明平特性(D_p)电源对电弧稳定作用很强。所以,细丝

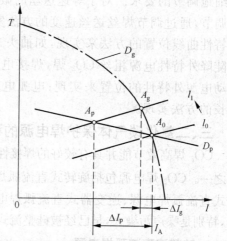

图 5-11　细丝 CO_2 焊焊接两种电源外特性曲线比较

CO_2 焊接时,选用微降的平特性电源远优于降特性电源。

(2)粗丝 CO_2 焊选用陡降外特性电源,并与弧压反馈送丝配合电弧最稳定　厚板焊件焊接,需用粗丝 CO_2 焊。粗丝 CO_2 焊电弧的静特性呈接近水平状。水平的电弧静特性如果选用水平的外特性的电源,两条近似水平的曲线相交,交点极易失稳,会使电弧不稳定。因此,水平的电弧特性就只有选择下降的外特性电源来匹配,才能有交点 A_0,电弧才稳定。

如图 5-12 所示,当电弧受到干扰,弧长从 $l_0 - l_1$ 时,电弧工作点飘移至 A_1,此

时,弧长产生的电流偏差 ΔI 较小,对电弧的稳定作用较弱。在弧长波动时陡降的外特性电源,虽然产生较小的电流偏差 ΔI,但同时产生较大的电弧电压偏差 ΔU 作为反馈信号使送丝电机增速,从而使弧长迅速由 $l_1 - l_0$,即弧长变短,电弧稳定。因此,对于粗丝 CO_2 焊,应使用陡降外特性电源还必须具有弧压反馈控制的送丝系统才能保持电弧稳定。

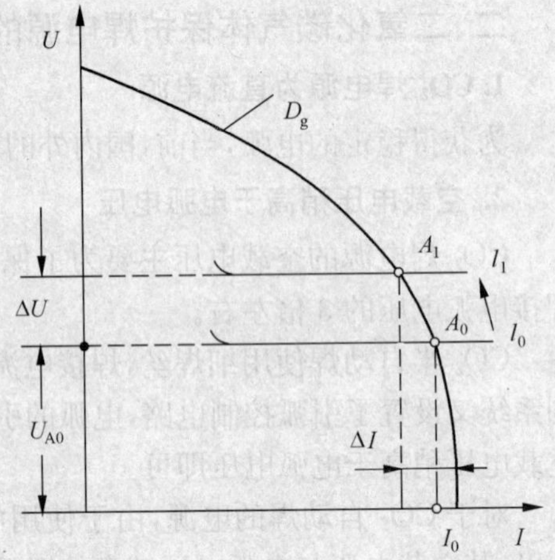

图 5-12   平特性电弧应与下降特性电源匹配

4. 电源输出参数应能调节

CO_2 焊应能适应焊接不同材质的金属、不同厚度的焊件、不同形式的坡口和不同空间位置的焊缝。CO_2 焊电源应满足对焊接电流和电弧电压能精细地调节的要求。对于等速送丝的微降平特性电源细丝 CO_2 焊,焊接电流的调节,通过调节焊丝送丝速度的方法实现;电弧电压的调节,通过调节电源外特性曲线位置的方法来实现,如抽头式电源可用调节变压器线圈匝数。对于陡降外特性电源粗丝 CO_2 焊,焊接电流的调节,通过调节电流调节机构即移动电源外特性的位置来实现;电弧电压的调节,通过调节送丝速度即改变弧长的方法实现。

三、二氧化碳气体保护焊电源的种类及其特点

CO_2 焊高效节能并具有较好的焊接性能,已成为我国焊接技术的主要焊接方法之一。CO_2 焊电源包括旋转式直流弧焊机、硅整流式直流弧焊电源、晶闸管整流式直流弧焊电源、逆变器式直流弧焊电源。旋转式直流弧焊机,能耗高、效率低,特别是噪声污染大,早已经被硅整流式直流弧焊机取代。

1. 硅整流直流弧焊电源

硅整流电路只能将交流电变成固定电压的直流电,电流不可调节。为了整流后直流可调,只能在整流电路之前,使用有调压机构的整流变压器,如抽头式硅整流 CO_2 弧焊电源就是使用抽头变压器调节电压的。

硅整流直流弧焊电源主要有两种:其一是抽头式硅整流直流弧焊电源,型号是 NBC 系列;其二是饱和电抗器式硅整流直流弧焊电源。其中饱和电抗式硅整流直流弧焊电源,因电磁惯性大,动特性较差,同时体积大,消耗材料多,价格高,也很快就被淘汰。由于抽头式硅整流弧焊电源具有结构简单,电路可靠,维修方便,价格便宜等优点,应用至今。

2. 晶闸管整流式直流弧焊电源

用晶闸管代替硅整流管制作的弧焊电源,不但可将交流电变成直流电,还可以通过触发控制,调节整流后得到的直流电流,性能达到并超过了硅整流弧焊电源,而且省料、节能、效率高,可用微小的功率信号去控制大的焊接电流。对于CO_2弧焊机的电源,同等容量相比较,晶闸管整流电源比硅整流电源的重量显著减轻,可减轻20%～25%。

晶闸管整流式弧焊电源因其质量稳定,性能可靠,体积小,重量轻,节省电能,成为CO_2焊电源的主流产品。

3. 逆变器式直流弧焊电源

逆变器式直流弧焊电源的基本工作原理是:将工频交流电经输入整流器整流,变为直流电,通过逆变器大功率开关电子元件的交替开关作用,将直流电逆变为几千到几万赫兹的中高频交流电,再通过中高频焊接变压器降压、输出整流器整流、输出电抗器滤波,并由电子电路控制,将中高频交流电变为适合于焊接的直流电输出。

逆变器式直流弧焊电源高效节能、体积小、重量轻(整机重量为传统弧焊电源的1/5～1/10)、弧焊机动特性和调节特性等性能良好,可以精细控制,特别是电弧稳定性好,设备费用较低,但对制造技术要求较高。逆变弧焊机是弧焊电源的最新发展,是更新换代的弧焊电源。

四、二氧化碳气体保护焊电源的控制系统

CO_2半自动弧焊机在焊接时,经过有效起弧、成功施焊和圆满收弧三个焊接阶段,最后焊出合格的焊缝,除去焊工的正确操作外,弧焊机的控制系统起了主要的作用。

CO_2半自动弧焊机的控制系统,是将CO_2半自动焊过程中需要的送气、送电和送丝等基本要素,进行协调有序地控制,使焊接的引弧、施焊和收弧这些操作环节,满足CO_2半自动焊焊接的实际需要。

弧焊机的控制系统由基本控制电路、保护电路、特色控制电路组成。

基本控制电路是控制电路的核心,包含两部分:其一,提供CO_2焊基本要素的电路,如气路系统送气的电路、弧焊电源的供电电路和送丝机的送丝电路;其二,是CO_2半自动焊焊接程序控制电路。

保护电路是对基本控制电路进行保护的电路,以保证基本控制电路能够正常地运行,如过载保护电路、过电压保护电路和缺相保护电路等。

特色控制电路是为提高弧焊机的性能而设计,使弧焊机具有某种特殊功能的控制电路,如焊接电流衰减控制电路、焊丝熄弧去除焊丝末端小球的控制电路等。

1. CO_2气体的控制

保护气体CO_2的流量是一个重要的焊接参数。CO_2焊对CO_2气体有两方面

的控制：一是对 CO_2 气体流量的定量调节，由 CO_2 供气系统串联的气体流量计来调节；二是对 CO_2 气流的"供气"和"停止供气"，通过手动按钮开关控制，要设置气体开关即电磁气阀加以控制。

当电磁气阀通电加上额定电压时，电磁线圈得电，产生磁力，将阀门的密封塞打开，气阀的进气口与出气口形成通路，CO_2 气路便畅通。反之，当电磁气阀断电时，阀门的密封塞将阀口封严，气阀便关闭，CO_2 气路便被切断。

2. 送丝电动机的控制

在 CO_2 焊过程中，对送丝机构需要进行一系列的控制，这些控制是：送丝机的送丝与停止，即送丝电动机的"开—关"控制；送丝机的送丝与退丝，即送丝电动机的"正—反"转控制；送丝机的送丝迅速停止，即送丝电动机的停止制动控制；送丝机送丝速度的快和慢，即送丝电动机的转速控制。

CO_2 焊接时，送丝机的起动和停止需要按弧焊机的程序控制要求进行。开始焊接（引弧）时，送丝机的起动必须达到"先送气、再送电、后送丝"的程序要求。停止焊接时，送丝电机应该按"先停焊丝，再停电，最后停气"的程序要求进行。因此，送丝电机的"开—关"控制应采用自动的电气开关：一种是继电器开关，另一种是无触点的晶闸管开关。

3. CO_2 焊焊接程序控制

CO_2 半自动焊，从起弧、施焊到收弧，在完成焊缝的焊接过程中，包含着许多细微的技术操作环节。通过这些有规律的技术操作，将 CO_2 气体流量、焊接电流、电弧电压、送丝速度、焊接速度等焊接参数构成协调有序的焊接程序，完成焊缝形成。

焊接程序就是焊接过程中，焊接的基本工艺参数与焊接时间的关系。焊接程序往往采用简单明了的时间直角坐标示意图来表示。对细丝和粗丝 CO_2 焊接应有两套焊接程序控制方案。

（1）细丝 CO_2 半自动焊的简单程序控制　焊丝直径小于或等于 1.0mm 的细丝 CO_2 半自动焊的焊接程序，如图 5-13 所示。它仅对 CO_2 气流、电源电压和送丝速度进行控制。引弧前要求 CO_2 气体提前 1～2s 开始送气，而在焊接结束时，要求 CO_2 气体应滞后于电流和送丝速度中止 2～3s 再关闭气阀，程序较为简单，仅适合细丝 CO_2 半自动弧焊机使用。

（2）粗丝半自动焊程序控制　对于直径大于 1.2mm 的粗丝 CO_2 半自动弧焊机，使用简单的程序控制，引弧成功率较低，为此，送丝电动机增加了引弧阶段的慢送丝（有的弧焊机还有高空载电压），电弧引燃后转为快送丝（正常送丝速度）设置，焊接结束阶段还增加了填满弧坑（焊丝速度衰减，电流衰减）的功能。在此程序里再增加焊接小车的速度控制，还可适用于等速送丝的 CO_2 自动弧焊机。粗丝 CO_2 半自动焊焊接程序控制图如图 5-14 所示。

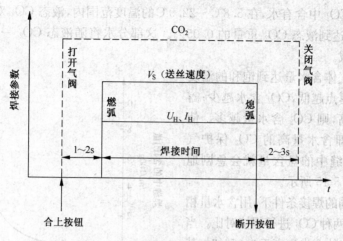

图 5-13　细丝 CO_2 半自动焊焊接程序控制图(简易程序)

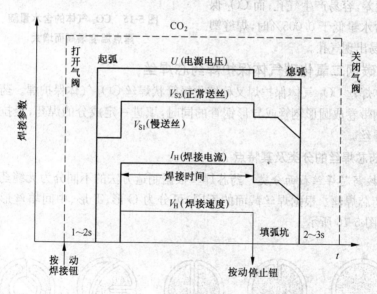

图 5-14　粗丝 CO_2 半自动焊焊接程序控制图(优良程序)

第三节　二氧化碳气体保护焊的焊接材料

一、二氧化碳气体纯度对焊接质量的影响

CO_2 焊时,保护气体 CO_2 的纯度对焊缝的致密性和塑性及焊缝的质量有很大的影响。CO_2 气体的杂质主要是水和氮气,一般氮气的含量较少,对焊接的影响可以忽略。

液体 CO_2 中含有水,在 $5.8℃\sim22.9℃$ 的温度范围内,液态 CO_2 对水的溶解度最大,可达到液态 CO_2 重量的 0.05%。这部分水将随液态 CO_2 一起挥发,进入焊接区域。

CO_2 气体含水量达到饱和的温度叫露点。露点越低,CO_2 含水越少;露点温度越高,则 CO_2 含水量越多。使用露点高即含水量高的 CO_2 保护气体焊接,焊缝中的氢含量就会急剧地增高,如图 5-15 所示。

在相同的焊接条件下,用含水量相差 10 倍的两种 CO_2 进行焊接对比。当 CO_2 保护气体含水量高于 0.05% 时,其焊缝塑性差,容易产生气孔;而 CO_2 保护气体含水量低于 0.005% 时,焊缝塑性好,不易出现气孔。

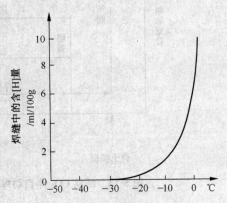

图 5-15　CO_2 气体的含水量随露点温度增高而增大

二、碳钢二氧化碳气体保护焊药芯焊丝

药芯焊丝 CO_2 气体保护焊又称熔化极管状焊丝 CO_2 气体保护焊。药芯焊丝是由薄钢带卷成圆形钢管或异形钢管的同时,填进一定成分的焊药,经拉制而成的一种焊丝。

1. 药芯焊丝的分类及其特点

(1)按药芯焊丝截面分类　药芯焊丝根据制造方法的不同分为无缝药芯焊丝和有缝药芯焊丝。根据焊丝截面的不同,可分为 O 形、T 形、中间填丝形和梅花形等,如图 5-16 所示。

(a) O形　　(b) 梅花形　　(c) T形　　(d) E形　　(e) 中间填丝形

图 5-16　药芯焊丝截面形状

具有复杂截面形状的药芯焊丝,由于金属外皮进入到芯部粉剂材料中,与芯部粉剂材料接触得更好。所以,在焊接过程中,芯部粉剂材料的预热和熔化更为均匀,能使焊缝金属得到更好的保护。另一方面,这类药芯焊丝能够增加电弧起燃点的数量,使金属熔滴向焊缝熔池作轴向过渡。但是,这种焊丝制造工艺很复杂,目前应用不多。最常用的是如图 5-16 中(a)、(b)、(c)截面形状的

药芯焊丝。

（2）按芯部粉剂填充材料中有无造渣剂分类 药芯焊丝按芯部粉剂填充材料中有无造渣剂可分为：熔渣型（即有造渣剂）和金属粉型（即无造渣剂）两种。

熔渣型药芯焊丝中加入的粉剂，主要是为了改善焊缝金属的力学性能、抗裂性和焊接工艺性。按照造渣剂的种类及碱度可分为：钛型、钛钙型和钙型等。钛型渣系药芯焊丝，焊道成形美观，全位置焊接工艺性能优良，但焊缝的韧性和抗裂性稍差；钙型渣系药芯焊丝，焊接的焊缝金属韧性和抗裂性优良，但焊道成形和全位置焊接工艺性稍差；钛钙型渣系的药芯焊丝性能介于上述二者之间。

金属粉型药芯焊丝几乎不含造渣剂，具有熔敷速度高、熔渣少、飞溅小的特点，在抗裂性和熔敷效率方面更优于熔渣型，因为造渣量仅为熔渣型药芯焊丝的1/3，所以，可以在焊接过程中不必清渣而直接进行多层多道焊接。其焊接特性类似实芯焊丝，但焊接电流比实芯焊丝更大，使焊接生产率进一步提高。

（3）按是否使用外加保护气体分类 药芯焊丝按是否使用外加保护气体可分为：自保护（即无需外加保护气体）和气保护（即有外加保护气体）两种。

自保护药芯焊丝的工艺性能和熔敷金属冲击性能没有气保护的好，但抗风性能好，比较适合室外或高层结构的现场焊接。气保护药芯焊丝的工艺性能和熔敷金属冲击性能比自保护的好，但抗风性能不好。

2. 药芯焊丝的牌号

我国的药芯焊丝牌号制定了统一牌号，并在"焊接材料产品样本"中予以公布。《焊接材料产品样本》推荐的药芯焊丝牌号的编制方法为：YJ ×× ×
×—×。

"Y"：表示药芯焊丝。

"J"：表示焊丝的主要用途为结构钢用焊丝，如"A"为奥氏体铬镍不锈钢用焊丝，"G"为铬不锈钢用焊丝，"R"为耐热钢用焊丝，"D"为堆焊用焊丝。

字母后面前两位数字"××"：表示熔敷金属的特性，力学性能或化学成分分类。

字母后面第三位数字"×"：表示药芯焊丝的渣系和电流种类，如"1"为金红石型，"2"为钛钙型，"7"为碱性。

"—"前面的"×"：表示焊丝中起主要作用或具有特殊性能和用途的元素符号，一般不超过两个。

"—"后面的数字"×"：表示焊接过程的保护类型，其中"1"为气保护，"2"为自保护，"3"为气保护和自保护两用，"4"其他保护形式。

碳钢焊丝牌号举例：

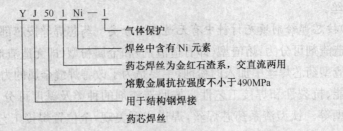

Y J 50 1 Ni — 1
气体保护
焊丝中含有 Ni 元素
药芯焊丝为金红石渣系，交直流两用
熔敷金属抗拉强度不小于490MPa
用于结构钢焊接
药芯焊丝

3. 药芯焊丝的型号

《碳钢药芯焊丝》(GB/T 10045—2001)是我国 CO_2 焊药芯焊丝的标准。碳钢 CO_2 焊药芯焊丝型号编制法为：E×× ×　T—× □ △。

"E"：表示焊丝。

"E"后两位数字"××"：表示熔敷金属最低的抗拉强度。

第3位数字"×"：表示推荐的焊接位置。平焊、横焊记作"0"，全位置焊记作"1"。

"T"：表示药芯焊丝。

"—"及其后面的数字"×"：表示焊丝的类别特点。药芯焊丝的焊接位置、保护气体种类、电弧极性和适用范围，见表5-1。

"□"：表示使用焊丝时应配用的保护气体种类。标有"M"时，表示保护气体应为混合气体(75%～80%)Ar＋ CO_2；无"M"时，表示保护气体为纯 CO_2 或自保护。

"△"：表示对焊丝熔敷金属冲击性能的特殊要求。型号中不标写"L"，表示该焊丝熔敷金属冲击性能为一般要求，见表5-2；型号中有"L"时，表示焊丝熔敷金属的冲击性能应为：−40℃时 V 形缺口冲击功不小于27J。

表 5-1　药芯焊丝的焊接位置、保护类型、极性和适用性要求

型　　号	焊接位置[①]	外加保护气[②]	极性[③]	适用性[④]
E500T−1/−1M	H,F	CO_2 或(75%～80%)Ar+CO_2	DCEP	M
E501T−1/−1M	H,F,VU,OH	CO_2 或(75%～80%)Ar+CO_2	DCEP	M
E500T−2/−2M	H,F	CO_2 或(75%～80%)Ar+CO_2	DCEP	S
E501T−2/−2M	H,F,VU,OH	CO_2 或(75%～80%)Ar+CO_2	DCEP	S
E500T−3	H,F	无	DCEP	S
E500T−4	H,F	无	DCEP	M
E500T−5/−5M	H,F,	CO_2 或(75%～80%)Ar+CO_2	DCEP	M
E501T−5/−5M	H,F,VU,OH	CO_2 或(75%～80%)Ar+CO_2	DCEP 或 DCEN	M
E500T−6	H,F	无	DCEP	M
E500(501)T−7	H,F(H,F,VU,OH)	无	DCEN	M

续表 5-1

型　　号	焊接位置①	外加保护气②	极性③	适用性④
E500(501)T−8	H、F(H、F、VU、OH)	无	DCEN	M
E500T−9/−9M	H、F	CO_2 或(75%~80% Ar)+CO_2	DCEP	M
E501T−9/−M	H、F、VU、OH	CO_2 或(75%~80% Ar)+CO_2	DCEP	M
E500T−10	H、F	无	DCEN	S
E500(501)T−11	H、F(H、F、VU、OH)	无	DCEN	M
E500T−12/−12M	H、F	CO_2 或(75%~80% Ar)+CO_2	DCEP	M
E501T−12/−12M	H、F、VU、OH	CO_2 或(75%~80% Ar)+CO_2	DCEP	M
500T−13	H、F(VU、OH)	无	DCEN	S
E501T−13	H、F(VU、OH)	无	DCEN	S
E501T−14	H、F(VU、OH)	无	DCEN	S
E××0T−G	H、F	—	—	M
E××1T−G	H、F、VD 或 VU、OH	—	—	M
E××0T−GS	H、F	—	—	S
E××1T−GS	H、F、VD 或 VU、OH	—	—	S

注:①H——横焊,F——平焊,OH——仰焊,VD——立向下焊,VU——立向上焊。
　②对于使用外加保护气的焊丝(E×××T−1/−1M、T−2/T−2M、T−5/−5M 等),其焊缝金属
　　的性能随保护气体类型不同而变化。已规定保护气体分类的焊丝,在未向焊丝制造厂咨询前不
　　应使用其他保护气体。
　③DCEP 表示直流电源,焊丝接正极;DCEN 表示直流电源,焊丝接负极。
　④M——单道和多道焊,S——单道焊。

表 5-2　药芯焊丝的熔敷金属力学性能要求①(GB/T 10045—2001)

型　　号	抗拉强度 /MPa	屈服强度 /MPa	伸长度 /%	夏比 V 形缺口冲击功	
				试验温度/℃	冲击功/J
E50×T−1,E50×T−1M②	480	400	22	−20	27
E50×T−2,E50×T−2M②	480	—	—	—	—
E50×T−3③	480	—	—	—	—
E50×T−4	480	400	22	—	—
E50×T−5,E50×T−5M②	480	400	22	−30	27
E50×T−6②	480	400	22	−30	27
E50×T−7	480	400	22	—	—
E50×T−8②	480	400	22	−30	27
E50×T−9,E50×T−9M②	480	400	22	−30	27
E50×T−10③	480	—	—	—	—
E50×T−11	480	400	20	—	—

续表 5-2

型　号	抗拉强度 /MPa	屈服强度 /MPa	伸长度 /%	夏比 V 形缺口冲击功	
				试验温度 /℃	冲击功 /J
E50×T−12,E50×T−12M②	480～620	400	22	−30	27
E43×T−13③	415	—	—	—	—
E50×T−13③	480	—	—	—	—
E50×T−14③	480	—	—	—	—
E43×T−G	415	330	22	—	—
E50×T−G	480	400	22	—	—
E43×T−GS③	415	—	—	—	—
E50×T−GS③	480	—	—	—	—

注：①表中所列单值均为最小值。

②型号中有"L"字母，表示焊丝熔敷金属的冲击性能应为：−40℃时夏比 V 形缺口冲击功不小于27J。

③这些型号主要用于单道焊接，不用于多道焊接；因为只规定了抗拉强度，所以，只要求做横向拉伸和纵向辊筒弯曲(缠绕式导向弯曲)试验。

　　碳钢药芯焊丝举例：

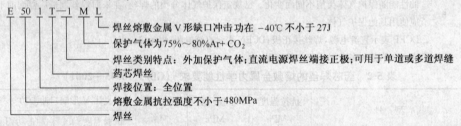

　E 50 1 T−1 M L
　　　　　　　　└─ 焊丝熔敷金属 V 形缺口冲击功在 −40℃ 不小于27J
　　　　　　　└─ 保护气体为75%～80%Ar+ CO₂
　　　　　　└─ 焊丝类别特点：外加保护气体；直流电源焊丝端接正极；可用于单道或多道焊缝
　　　　　└─ 药芯焊丝
　　　　└─ 焊接位置：全位置
　　　└─ 熔敷金属抗拉强度不小于480MPa
　　└─ 焊丝

第四节　药芯焊丝气体保护焊的工艺特点和工艺参数

一、药芯焊丝二氧化碳气体保护焊的工艺特点

　　CO_2 气体及其分解物直接接触焊接熔池，参与化学反应。普通 CO_2 气体保护焊，金属飞溅较大，电弧稳定性较差。若将 CO_2 焊丝制成管状，在管内装满造渣的焊药，使用这种管状焊丝的 CO_2 焊接就是药芯焊丝气体保护焊。

　　药芯焊丝与母材产生电弧，形成熔池，药芯中的焊药与管状金属一起熔化，熔化的金属沉入熔池，形成焊缝，焊药熔化生成熔渣，浮出熔池，保护熔池不与 CO_2 及其他气体接触，熔渣冷却后覆盖在焊缝表面，形成渣壳。焊枪喷嘴喷出的 CO_2

气罩,保护着整个熔池、电弧及近缝区,防止空气侵入。药芯焊丝气体保护焊,采取熔渣和气体的双重保护,是一种渣气联合保护。

药芯焊丝的药芯成分中含有增加电弧稳定性的稳弧剂、生成覆盖熔池熔渣的造渣剂、向焊缝渗入合金成分的合金剂和可产生保护气氛的造气剂等物质。因此,药芯焊丝还包括不使用保护气体的自保护药芯焊丝。

1. 药芯焊丝 CO_2 焊的优点

①药芯焊丝 CO_2 焊在焊接过程中比实芯焊丝 CO_2 焊飞溅少、电弧燃烧稳定、接头区域平滑、干净、焊缝成形美观。

②可以通过药芯的装药量和配方来调整合金成分,使焊缝金属具有不同的力学性能、冶金性能和耐蚀性能。

③药芯产生的熔渣与熔化金属发生冶金反应,消除熔化金属中的杂质;产生的渣壳可保护正在凝固的焊缝金属,并能改善各种焊接位置的焊缝成形。

④抗气孔能力比实心焊丝 CO_2 焊强,焊接熔池受 CO_2 气体和熔渣两方面的保护。

⑤药芯焊丝 CO_2 焊熔敷效率高,生产效率为焊条电弧焊的 $3\sim5$ 倍;药芯焊丝用于角接焊时,熔深比焊条电弧焊大 50% 左右。

⑥由于药芯中有稳弧剂,使药芯焊丝焊接电弧稳定性大增,电弧对电源电流种类和电源外特性要求降低,所以,对焊接电源无特殊要求;直流、交流焊接电源均可以使用;采用直流电源焊接时,要用直流反接(焊丝接电源正极);可使用平特性电源,也可使用降特性电源。

2. 药芯焊丝 CO_2 焊的缺点

①药芯焊丝制造过程复杂,成本较高。

②由于药芯焊丝是由薄带钢卷制而成,焊丝较软、刚性差、易变形,对送丝要求较高,普通实芯焊丝送丝机会使药芯焊丝挤压变形,所以要有专门的药芯焊丝送丝机。

③药芯焊丝 CO_2 焊,焊接过程中产生的烟尘和有害气体较实芯焊丝 CO_2 焊严重,需要采用较好的通风设备。

④药芯焊丝表面容易生锈,药芯容易吸潮,焊后需要清除焊渣。

3. 药芯焊丝 CO_2 焊的应用

由于药芯焊丝完全可以使用实芯焊丝的弧焊电源,所以,药芯焊丝也都使用直流电源,而且电弧极性也和实芯焊丝一样,应用反极性接法。

同实芯焊丝一样,如果选用直径等于 1.2mm 的细丝焊接,应采用等速送丝机,配用平特性电源。如果选用大于或等于 1.2mm 的粗丝焊接,应采用弧压反馈送丝机,配用降特性电源。

药芯焊丝 CO_2 焊既可用于半机械化焊接,又可以用于机械化焊接。由于以上特点,焊接钢材时药芯焊丝 CO_2 焊是代替焊条电弧焊实现机械化和半机械化最有前途的焊接方法。

药芯焊丝 CO_2 焊主要用于低碳钢、中碳钢、低合金钢、低温钢和不锈钢的焊接。

二、药芯焊丝二氧化碳气体保护焊焊接参数

由于药芯焊丝的焊剂改善了 CO_2 焊的电弧特性,因而直流、交流、平特性或下降特性的焊接电源均可使用。通常采用直流平特性电源,并采用直流反接(即焊丝接电源正极)。药芯焊丝 CO_2 焊焊接参数主要有:焊接电流、电弧电压、焊接速度、焊丝伸出长度、保护气体流量和焊丝角度等。

1. 焊接电流和电弧电压

焊接电流和电弧电压是药芯气体保护焊最主要的焊接参数。与实芯 CO_2 焊比较,药芯焊丝可以应用较大一些的焊接电流,因为电弧熔化同体积的焊丝金属以外,还要熔化焊丝中相当数量的焊药。与实芯焊丝 CO_2 焊接相比,同样电流条件下,药芯焊丝的电弧电压可适当地低些,因为药芯焊丝中含有稳弧剂。

药芯焊丝 CO_2 焊,焊接电流与电弧电压要相应配合,才能得到良好的焊缝成形。当焊接电流变化时,电弧电压需要做相应的变化,以保持电弧电压和焊接电流的最佳匹配关系。采用纯 CO_2 焊时,通常采用长弧法焊接,焊接电流为 200～700A,电弧电压为 25～35V。

首先应根据焊丝直径来确定焊接电流与电弧电压。药芯焊丝最小的焊丝直径为 1.2mm,因过细的焊丝直径卷药困难。药芯焊丝的规格有 $\phi1.2$、$\phi1.4$、$\phi1.6$、$\phi2.0$、$\phi2.4$、$\phi2.8$、$\phi3.2$ 等。

焊丝直径根据被焊件的厚度来选择,被焊件厚度增大,所用焊丝的直径应相应增大。药芯焊丝常用焊丝直径、焊接电流和电弧电压使用范围见表 5-3。

表 5-3　药芯焊丝的常用焊丝直径、焊接电流和电弧电压使用范围

药芯焊丝	焊丝直径/mm	焊接电流/A	电弧电压/V	药芯焊丝	焊丝直径/mm	焊接电流/A	电弧电压/V
CO_2 气体保护	1.2	110～350	18～22	自保护	1.6	150～250	20～25
	1.4	130～400	20～24		2.0	180～350	22～28
	1.6	150～450	22～38		2.4	200～400	22～32

2. 焊接速度

药芯焊丝 CO_2 焊,当其他条件不变时,焊接电流与送丝速度成正比,其送丝速度与焊接电流的关系,如图 5-17 所示。

3. 焊丝伸出长度和焊丝角度

焊丝伸出长度对电弧的稳定性、熔深、焊丝熔敷速度、热输入等均有影响。对

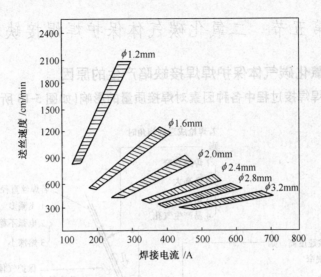

图 5-17　药芯焊丝 CO_2 焊的送丝速度与焊接电流的关系曲线

于给定的送丝速度,实测的焊丝伸出长度随焊接电流的增大而减少。若焊丝伸出长度太长,会使电弧不稳、飞溅过大;若焊丝伸出长度过短,会使电弧弧长过短,过多的飞溅物易堵塞喷嘴,使气体保护不良,造成焊缝中产生气孔。通常焊丝伸出长度为 19~38mm。见表 5-4。

表 5-4　药芯焊丝 CO_2 焊焊丝直径、焊接电流和保护气体流量及焊丝伸出长度的选择

焊丝直径 /mm	焊接电流 /A	CO_2 气体流量 /L/min	焊丝伸出长度 /mm
ϕ1.2	120~300	20~25	20
ϕ1.4	150~400	20~25	20
ϕ1.6	180~450	20~25	20
ϕ2.0	300~450	20~25	20

　　平焊位置药芯焊丝 CO_2 焊时,焊丝应与被焊件垂直,或与被焊件平面夹角大于 85°,焊接角焊缝时,工件平面与焊丝夹角约为 40°~50°。如果上述角度太小,会降低保护气体的保护效果。

4. 保护气体流量

　　药芯焊丝 CO_2 焊保护气体的流量与焊丝直径、送丝速度和焊接电流等有关,在焊接时可根据焊丝直径和焊接电流依照表 5-4 选取。

第五节　二氧化碳气体保护焊焊接缺陷

一、二氧化碳气体保护焊焊接缺陷产生的原因

1. CO_2 焊焊接过程中各种因素对焊接质量的影响（如图 5-18 所示）

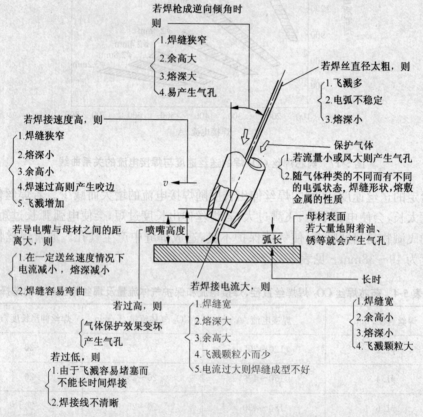

图 5-18　CO_2 焊焊接过程中各种因素对焊接质量的影响

2. CO_2 焊各种缺陷产生的原因

（1）裂纹产生的原因　根据裂纹产生的原因及温度不同,裂纹可分为热裂纹、冷裂纹、再热裂纹、层状撕裂等。

①热裂纹产生的原因。热裂纹是指在焊接过程中,焊缝和热影响区金属冷却到固相线附近的高温区产生的裂纹。热裂纹较多的贯穿在焊缝表面,在弧坑中产生的裂纹多为热裂纹。宏观见到的热裂纹,其断面有明显的氧化色。微观观察,焊接热裂纹主要沿晶粒边界分布,属于沿晶界断裂性质。综合考虑热裂纹产生的原因、形态、温度区间,可将热裂纹分为结晶裂纹和高温液化裂纹两大两类。

结晶裂纹:焊缝金属在结晶过程中,处于固相线附近的范围内,由于凝固金属的收缩,残余液相补充不足,在承受拉力时,致使沿晶界开裂。这种在焊缝金属结晶过程中产生的裂纹称结晶裂纹。结晶裂纹主要出现在含杂质硫、磷、硅较多的碳钢、单相奥氏体钢、铝及铝合金焊缝中。

高温液化裂纹:高温液化裂纹主要是晶间层出现液相,并由应力作用而产生的。这种类型的裂纹多产生于含铬镍的高强度钢、奥氏体钢的热影响区。

产生热裂纹的主要原因是:焊缝金属中含硫量较高,形成硫化铁,硫化铁与铁作用形成低熔点共晶。在焊缝金属凝固过程中,低熔点共晶物被排挤到晶间面,形成液态间膜。当受到拉伸应力作用时,液态间膜被拉断而形成热裂纹。焊接收弧方法不正确,可产生弧坑裂纹。

②冷裂纹产生的原因。焊接接头冷却到较低温度下产生的焊接裂纹称冷裂纹。冷裂纹是一种在焊接低合金高强度钢、中碳钢、合金钢时经常产生的一种裂纹。

冷裂纹一般在 $200℃\sim300℃$ 以下形成:冷裂纹不是在焊接过程中产生,而是在焊后延续到一定时间后才产生。如果钢的焊接接头冷却到室温后并在一段时间后(几小时、几天、甚至十几天以后)才出现的冷裂纹就称为延迟裂纹。

冷裂纹多在焊接热影响区内产生:沿应力集中的焊缝根部所形成的冷裂纹称为焊根裂纹。沿应力集中的焊趾处所形成的冷裂纹称为焊趾裂纹。在靠近堆焊焊道的热影响区内所形成的裂纹称为焊道下裂纹。冷裂纹有时也在焊缝金属内发生。一般焊缝金属的横向裂纹多为冷裂纹。冷裂纹与热裂纹相比,冷裂纹的断口无氧化色。

产生冷裂纹的主要原因是:焊接应力、淬硬组织及氢的影响因素(扩散氢的存在和聚集)。

③再热裂纹产生的原因。再热裂纹是指焊后焊件在一定温度范围内再次加热(消除应力热处理或其他加热过程)而产生的裂纹。高温下工作的焊件,在使用过程中也会产生这种裂纹,尤其是含有一定数量的铬、钼、钒、钛、铌等合金元素的低合金高强度钢,在焊接热影响区有产生再热裂纹的倾向。再热裂纹一般位于母材的热影响区中,往往沿晶界开裂,在粗大的晶粒区,并且平行于熔合线分布。

产生再热裂纹的原因是:焊接时,在热影响区靠近熔合线处被加热到 $1200℃$ 以上时,热影响区晶界的钒、钼、钛等的碳化物熔于奥氏体中,当焊后热处理重新加热,加热温度在 $500℃\sim700℃$ 的范围内时,这些合金元素的碳化物呈弥散状重新析出,晶粒内部强化,而晶界相对地被削弱。这时,若焊接接头中存在较大的焊接残余应力,而且应力超过了热影响区熔合线附近金属的塑性,便产生了裂纹。

④层状撕裂产生的原因。层状撕裂是焊接时,在焊接结构中沿钢板轧层形成的呈阶梯状的一种裂纹。层状撕裂是一种低温裂纹,主要在厚板的 T 形接头或角形接头里产生,如图 5-19 所示。

图 5-19 层状撕裂

层状撕裂往往在整个结构焊接完毕以后才产生。一旦产生层状撕裂,就要大面积更换钢板,有时其至整个结构报废。

产生层状撕裂的原因是:在轧钢过程中,钢中的非金属夹杂物(硫化物、硅酸盐)被轧成薄片状,呈层状分布。由于这些片状的夹杂物与金属的结合强度很低,在焊后冷却时,焊缝收缩在板厚的方向上造成一定的拉应力,或者在板厚的方向上有拉伸荷载作用,使片状夹杂物与金属剥离,随着拉应力的增加形成了沿轧层的裂纹。随后沿轧层的裂纹之间的金属又在剪切力作用下发生剪切破坏,形成与上述沿轧层的裂纹相垂直的裂纹,并把裂纹之间连接起来,形成呈阶梯状的裂纹即层状撕裂。

(2)气孔产生的原因

氢气孔:是由于金属在不同状态下对氢的溶解度不同而产生的。当熔池金属由液态凝固成固态时,氢的溶解度急剧下降。当熔池中溶入较多的氢时,结晶时就会在结晶前沿析出很多气泡,如果冷却速度过快,气泡来不及浮出而存留在焊缝中就会形成气孔。氢气孔的形态有两种:表面气孔的形状类似螺旋状的喇叭,内壁光滑;内部气孔是呈球形的有光滑内表面的孔洞。

一氧化碳气孔:是因为液态金属中的氧化铁与碳反应生成一氧化碳气体而产生的。由于上述反应是放热反应,因此,一氧化碳气孔在结晶前沿产生,并附着于树枝状结晶上而不能排出熔池。因而,一氧化碳气孔产生于焊缝根部并呈条虫状,其内壁较为光滑。一氧化碳气孔产生的原因有两种:母材、焊接材料碳含量高(越高越易产生一氧化碳气孔);熔池中氧浓度较高(如使用酸性焊条脱氧效果较差、电弧过长、周围空气侵入熔池、坡口内壁的油、锈等含氧污物)。

氮气孔:是由于熔池中溶入较多的氮时,液态金属快速冷却过程中,氮来不及逸出而产生的。氮气孔大多成堆出现,形状与蜂窝相似。

综上所述,气孔产生的主要原因有以下几个方面:

①焊条或焊剂受潮,使用前未按规范烘干,焊条药皮脱落、变质,焊芯或焊丝生锈或有污物。

②焊接参数不合理。焊接电流小,焊接速度快,使熔池存在时间短;焊接电流过大,焊条尾部发红,削弱机械保护作用;电弧电压过高,电弧过长,使熔池失去保护而产生气孔。

③坡口及其两侧表面存在油污、铁锈和水分等。

④焊工操作方法不正确。焊条角度不当等使熔池保护不良。

⑤CO_2 保护气体不纯。

(3)夹渣产生的原因　熔渣未能上浮到熔池表面就会形成夹渣。夹渣产生的原因有：

①坡口边缘有污物存在;定位焊和多层焊时,每层焊后没有将焊渣除净。

②坡口太小,焊接电流过小,因而熔化金属和熔渣由于热量不足使其流动性差,熔渣浮不上来造成夹渣。

③焊接时,焊丝的角度和焊接方法不当;对熔渣和熔化金属辨认不清,把熔化金属和熔渣混杂在一起。

④冷却速度过快,熔渣来不及上浮。

⑤母材金属和焊接材料的化学成分不当。如当熔渣内含氧、氮、锰、硅等成分较多时,容易出现夹渣。

⑥电弧无吹力、磁偏吹。

(4)未熔合与未焊透产生的原因

①产生未熔合的原因。焊接热输入太低、电弧发生偏吹、坡口侧壁有锈垢或污物、焊层间清渣不彻底等。

②产生未焊透的原因。焊接电流太小、焊接速度太快、焊丝角度不当或电弧发生偏吹、坡口角度或对口间隙太小、焊件散热太快、氧化物和熔渣等阻碍了金属间充分的熔合等。

凡是造成焊丝金属和母材金属不能充分熔合的因素都会产生未熔合、未焊透的缺陷。

(5)焊缝形状和尺寸不良产生的原因

①余高过高和不足的原因。焊缝余高过高和过低是由于焊接参数不合理,尤其是焊接速度快慢不均和焊工操作不熟练所致。

②焊缝宽度过大和过小的原因。焊缝宽度过大和过小是由于焊接参数不合理和操作方法不正确所致。

③焊缝不直的原因。焊缝不直的主要原因是焊丝伸出长度过长、焊丝校正调整不良、导电嘴磨损严重和焊工操作不熟练、机械化施焊时因设备故障或轨道偏离致使焊缝不直。

④焊脚过大或过小的原因。焊脚的大小与运条方法和焊接参数有直接关系。

(6)弧坑产生的原因　弧坑产生的原因是焊缝收尾技术处理的不好或弧焊机控制程序有故障所致。

①焊接收尾时,焊枪抬起过快,使电弧突然熄灭,弧坑没有得到必需的熔化金属填充,形成凹坑。

②焊接收尾时,按动了停止焊接按钮,弧焊机应该首先停止送丝,2~3s 后再

停止焊接电流,使焊丝因惯性稍微下送一段填满弧坑,然后再停止电流。如果弧焊机控制程序出现故障,使焊接电流与焊丝之间没有延时,而是同时停止,便会出现弧坑没填满的缺陷。

(7)烧穿产生的原因　烧穿产生的主要原因有:焊接电流过大、焊接速度过慢、焊缝根部间隙太大等。

(8)咬边产生的原因　咬边产生的主要原因有:焊接电流太大、焊接速度过快、操作技术差、焊枪倾角不正确、摆动不正确、焊工视线受阻、电弧电压过高、送丝不均匀、磁偏吹造成偏弧等。

(9)焊瘤产生的原因　焊接电流太大、填充金属熔化量过多、焊接速度太慢、电压过低、焊枪角度不当、单面焊双面成形的背面成形不好、焊件表面有较厚的锈蚀层等。

(10)飞溅过大产生的原因　焊接电压过高、送丝不均匀、导电嘴磨损过度、焊丝及焊件表面清理不净、焊接回路电感参数配置不当等。

二、二氧化碳气体保护焊焊接缺陷的防止措施

1. 防止裂纹的措施

(1)防止热裂纹的措施　选择优质焊丝,控制焊丝中的硫(S)、磷(P)含量,降低碳含量;选择合适的焊接参数,提高焊缝成形系数;采用多层多道焊,可避免产生中心线偏析;收弧时焊枪往回走一小段,注意填满弧坑,防止弧坑裂纹等。

(2)防止冷裂纹的措施　从降低扩散氢含量、改善接头组织和降低焊接应力等方面考虑。具体措施为:焊前预热和焊后缓冷。预热可降低焊后焊缝的冷却速度,避免淬硬组织,减小焊接应力;采取减少氢来源的工艺措施,使用扩散氢含量较低的焊丝,如含锰(Mn)量高的焊丝;认真清理坡口及其两侧的油污、铁锈、水分及污物等;采用合理的焊接工艺,正确选用焊接参数以及焊后热处理,以改善焊缝及热影响区的组织和性能,去氢和减少焊接应力,焊后热处理可改善接头组织,消除焊接残余应力;采用合理的焊接顺序,改变焊件的应力状态等。

(3)防止再热裂纹的措施　焊前工件应预热至 300℃～400℃,且采用大热输入进行施焊;改进焊接接头形式,合理地布置焊缝,减小接头刚度,减小焊接应力和应力集中,如将 V 形坡口改为 U 形坡口等;选择合适的焊接材料,在满足使用要求的前提下,选用高温强度低于母材的焊接材料,这样在消除应力热处理的过程中,焊缝金属首先产生变形,对防止再热裂纹的产生十分有利;合理选择消除应力热处理的温度和工艺,比如避开再热裂纹敏感的温度,加热和冷却尽量缓慢,以减少温差应力,也可以采用中间回火消除应力措施,以使接头在最终热处理时残余应力较低。

(4)防止层状撕裂的措施

①设计合理的焊接结构。减少钢板在板厚方向上的拉应力,避免把多个构件

集中焊在一起;设计焊接接头和坡口类型时,避免焊缝熔合线与钢材的轧制平面相平行,这一点是防止产生层状撕裂的重要设计原则。

②选用抗层状撕裂性能好的母材。钢材的含硫量越低,抗层状撕裂性能越好。常用钢板板厚方向的拉伸试样的断面收缩率,评定其抗层状撕裂性能,如大于 25%,就比较安全。

③采取合理的工艺措施。减少装配间隙;采用扩散氢含量低的焊接材料;在T形接头、十字接头、角接接头坡口内母材板面上先堆焊一层或两层塑性好的过渡层;采用双面坡口对称焊代替单面坡口非对称焊接;Ⅱ类及Ⅱ类以上钢材箱形柱角接头当板厚大于等于 80mm 时,板边火焰切割面宜用机械方法去除淬硬层,如图 5-20 所示;多层焊时,应逐层改变焊接方向;提高预热温度施焊,进行中间消除应力热处理;捶击焊道表面等。

2. 防止焊接气孔的措施

①选用含硫(S)、磷(P)量低、扩散氢含量低的焊丝,限制母材和焊丝的碳含量,可减少一氧化碳气孔。

②使用纯度足够的 CO_2 保护气体,含水量过高时要在供气系统中加干燥器,进行除水提纯。

③当焊接环境风速超过 2m/s 时,要采取防风措施。

④焊件表面及焊丝表面不应有油、铁锈等污物。

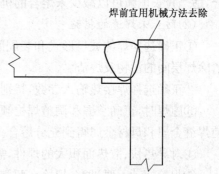

焊前宜用机械方法去除

图 5-20 特厚板角接接头防止层
状撕裂的工艺措施

⑤正确选择焊接参数。如焊接电流、电弧电压、焊接速度。

⑥提高操作水平,控制焊枪喷嘴不要过高,收弧不要太快。

⑦使用恰当的气体流量,无风时可为:细丝 10~15L/min,粗丝 15~25L/min。

⑧尽量缩短焊丝伸出长度。

⑨经常清理或更换喷嘴,随时更换气路堵塞或漏气的气管。

⑩解冻减压气阀,检修 CO_2 气体预热器,使之正常工作。

3. 防止夹渣的措施

①认真将坡口及焊层间的焊渣清理干净,并将凸处铲平,然后施焊。

②适当增加焊接电流,避免熔化金属冷却过快,必要时把电弧缩短,并增加电弧停留时间,使熔化金属和熔渣分离良好。

③根据熔化情况,随时调整焊枪倾斜角度,不使熔渣留在焊缝边缘;焊枪横向摆动幅度不宜过大;适当提高焊接速度;在焊接过程中应始终保持轮廓清晰的焊接熔池,使熔渣上浮到熔化金属表面;防止熔渣混杂在熔化金属中或流到熔池前

面而引起夹渣。

④正确选择母材和焊丝,调整焊丝的化学成分,降低熔渣的熔点和黏度,能有效地防止夹渣。

4. 防止未熔合和未焊透的措施

(1)防止未熔合的措施　主要是熟练掌握操作手法。

①焊接时注意焊枪倾斜角度和边缘停留时间,使坡口边缘充分熔化以保证焊缝熔合良好。

②多层焊时底层焊道的焊接应使焊缝呈凹形或略凸,为焊下一层焊道创造良好的熔合的条件。

③焊前预热对防止未熔合有一定的作用,适当加大焊接电流可防止层间未熔合,适当拉长电弧可以减少未熔合的机会。

(2)防止未焊透的措施

①正确选择焊件坡口形式和装配间隙,清除坡口两侧的锈蚀,多层焊时及时清除焊层间的污物及焊渣。

②正确选择焊接热输入参数,特别是焊接电流和焊接速度。

③施焊时,正确掌握和调整焊枪倾斜角度,焊枪要对准易产生未焊透的边缘,使焊缝金属和母材金属得到充分熔合。

④对导热快、散热面积大的焊件,需要采取预热或焊接时加热等措施。

⑤焊枪摆动不要过宽,焊枪在两侧要充分地停留。

⑥坡口底部焊道突起过高时,要用角磨机将过高的部分打磨掉。

⑦调整焊件的接地线,使电弧的磁偏吹现象消除或减弱。

5. 防止形状和尺寸不良的措施

(1)防止焊缝余高过高和过低的措施　采用适当的焊接参数和正确的焊枪摆动方法。

在同等条件下,焊接电流过小时电弧电压越低,焊缝越窄越高,电弧电压越高,焊缝越宽越平;焊接速度越低;焊缝越高,焊接速度越快,焊缝越低;焊条摆动幅度越大,焊缝越宽越平,摆动幅度越小,焊缝越窄越高;焊枪后倾,焊缝变高,焊枪前倾,焊缝变低。

多层焊时填充不饱满,焊接表面层也会造成焊缝余高不足。立焊时如熔池过大或操作方法不当也会使余高过高。横焊时如焊道位置不正确也会使余高不符合要求。仰焊时如弧长过长会使熔池变大,熔化金属下坠而使余高过高。

单面焊双面成形时,在相同条件下,焊接电流越大,焊接速度越低,背面余高越大;电弧电压过高,在平焊时可能使背面余高变大;断弧焊时,燃弧时间及击穿部位对背面余高有很大影响。

（2）防止焊缝过宽或过窄的措施　采用适当的焊接参数和正确的焊枪摆动幅度。在同等条件下，电弧电压越高，焊缝宽度就越大。焊枪摆动幅度越大焊缝越宽，焊枪摆动幅度越小焊缝越窄。焊枪前倾和焊接速度过高对焊缝过窄有一定的影响。

（3）防止焊脚过大或过小的措施　采用合适的焊接参数和掌握正确的焊枪摆动幅度，即可得到理想的焊脚尺寸。焊脚的大小与焊枪摆动幅度和焊接参数有直接关系。其中焊枪倾斜角度、轨迹和焊接电流对焊脚尺寸的影响最大。

6. 防止弧坑的措施

①收弧时不要立刻抬起焊枪、断电，应按程序，"先停丝，后停电，最后停气"。

②由于设备故障造成弧坑的，应修理弧焊机，排除故障。

③在收弧的过程中，收尾时焊枪往回走一小段，以填满弧坑，并使焊枪在熔池处作短时间的停留，或作环形运动，以避免在收弧处出现弧坑。

④对于重要的焊接结构应采用引出板，在收弧时将电弧过渡到引出板上，以避免在焊件上出现弧坑。

7. 防止烧穿的措施

①正确设计焊接坡口尺寸，确保装配质量。

②选用适当的焊接参数、采用合理的焊接工艺，单面焊可采用加铜垫板等方法，防止熔化金属下塌及烧穿。

8. 防止咬边的措施

①选择正确的焊接参数，如焊接电流、电弧电压、焊接速度和焊枪倾斜角度等。

②采用正确的焊接操作技术。

③调整送丝机构，使送丝速度稳定。

④重新变更焊件的接地线位置，消除磁偏吹现象。

9. 防止焊瘤的措施

焊瘤常在立焊和仰焊时发生。防止焊瘤的措施有以下几方面：

①选择正确的焊接热输入参数，如焊接电流、焊接速度和电弧电压等，避免焊接电流过大或焊接速度太慢。

②提高焊工的操作技术，保持正确的焊枪倾斜角度和焊枪摆动幅度等。

③彻底清除焊件表面的锈蚀。

④调整好接头装配间隙，避免焊缝间隙过大；焊枪对准位置正确，确保焊缝背面成形良好。

10. 防止飞溅过大的措施

CO_2焊的飞溅是焊接过程的产物，无法根除，合理的焊接飞溅应在10％以

下,最佳值控制在 4%～5%。防止飞溅过大的措施有以下几个方面:

①采用直流反接,尽量使用碳含量低的焊丝。

②根据焊接电流匹配合适的电弧电压。

③尽量选择短路过渡或射流过渡。

④尽量控制焊枪的倾斜角度,一般控制在 20°以内。

⑤尽可能缩短焊丝的伸出长度。

⑥检查送丝轮和软管,使送丝均匀。

⑦更换新导电嘴。

⑧仔细清理焊丝和焊件表面的锈蚀、油、污等。

⑨在焊接回路中串联电抗器并调整合适的电感参数。

⑩对于不允许有飞溅的结构,如不锈钢焊件,应在焊缝两侧覆盖一层厚涂料,避免飞溅物对焊件表面的损伤。

第六节　焊接质量检验

一、焊接质量检验的方法

焊接质量的检验方法可分为:非破坏性检验和破坏性检验两大类。非破坏性检验包括:焊接接头的外观检查、渗透探伤、射线探伤、超声波探伤、磁粉探伤和密封性试验等。破坏性检验包括:折断面检验、钻孔检验、力学性能试验、化学分析试验、焊接接头的金相组织检验和腐蚀试验等。

1. 非破坏性检验

(1)焊接接头的外观检查　外观检查是通过对焊接接头直接观察,或用低倍放大镜检查焊缝外形尺寸和表面缺陷的检验方法。

外观检查的内容包括:焊缝外形尺寸是否符合设计要求、焊缝外形是否平整、焊缝与母材过渡是否平滑等;检查焊缝表面是否有裂纹、焊瘤、烧穿、未焊透、咬边、气孔等缺陷,并特别注意弧坑是否填满、有无弧坑裂纹等;对于有可能发生延迟裂纹的钢材,除焊后检查外,隔一定时间还要进行复查;有再热裂纹倾向的钢材,在最终热处理后也必须再次检查。

通过外观检查,可以判断焊接热输入和工艺是否合理,并能估计焊缝内部可能产生的缺陷。例如,电流过小或运条过快,则焊道的外表面会高低不平,说明在焊缝中往往有未焊透的可能;又如弧坑过大和咬边严重,则说明焊接电流过大,对于淬透性强的钢材,则容易产生裂纹。

(2)渗透探伤(PT)　渗透探伤是利用某些液体的渗透性特性来发现和显示

焊缝的表面缺陷。可以用来检查铁磁性和非铁磁性材料的表面缺陷。随着化学工业的发展,渗透探伤的灵敏度大大提高,使得渗透探伤得到更广泛的应用。渗透探伤包括荧光探伤和着色探伤两种方法。

①荧光探伤。荧光探伤是用来发现各种材料焊接接头的表面缺陷,常作为非磁性材料工件的检查。荧光探伤是一种利用紫外线照射某些荧光物质,使其产生荧光的特性来检查表面缺陷的方法,如图6-21所示。将发光材料(如荧光粉等)与具有很强渗透力的油液,如松节油、煤油等按一定比例混合,将这些混合而成的荧光液涂在焊件表面,使其渗入到焊件表面缺陷内,待一定时间后,将焊件表面擦干净,再涂以显像粉,此时使焊件受到紫外线的辐射作用,便能使渗入缺陷内的荧光液发光,缺陷就被发现了。

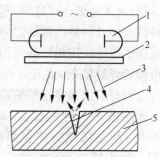

图 5-21 荧光探伤示意图
1. 光源 2. 滤光片 3. 紫外线
4. 充满荧光物质的缺陷 5. 焊件

②着色探伤。着色探伤也是用来发现各种材料,特别是非磁性材料(如奥氏体不锈钢和有色金属及其合金)焊接接头的各种表面缺陷的一种方法。着色探伤操作方便,设备简单,成本低,同时不受工件形状、大小的限制。

着色探伤是利用某些渗透性很强的有色(一般是红色)油液,利用毛细管现象渗入到工件的表面缺陷中。除去表面油液后,涂上吸附油液的显像剂,在显像剂层上显示出有色彩的缺陷形状和图像,依据其显现出来的图像情况,可以判别出缺陷的位置和大小。

(3)射线探伤(RT) 焊缝射线探伤是检验焊缝内部缺陷的一种准确而可靠的方法,可以显示出缺陷的种类、形状和大小,并可作永久的记录。射线探伤包括X射线、γ射线和高能射线三种,而以X射线应用较多。X射线与可见光和无线电波一样,都是电磁波,只是X射线的波长短。其主要性质是:一种不可见光,只能作直线传播;能透过不透明物体,包括金属;波长越短穿透能力越强;穿过物体时被部分吸收,使能量衰减;能使照相胶片感光等。

X射线探伤目前应用最广的是照相法,其原理如图5-22所示。当X射线透过焊缝时,由于其内部不同的组织结构(包括缺陷)对射线的吸收能力不同,射线透过有缺陷处的强度比无缺陷处的强度大,因而,射线作用在胶片上使胶片感光的程度也较强,经过显影后,有缺陷处就较黑。从而根据胶片上深浅不同的影像,就能将缺陷清楚地显示出来,以此来判断和鉴定焊缝内部的质量。

对于母材厚度在200mm以下的工件,可用X射线检查裂纹、未焊透、气孔和夹渣等焊接缺陷;对于厚度大于200mm而小于300mm的工件,可用γ射线透视来识别焊接缺陷;对于厚度大于 300mm 而小于 1000mm 的工件,可用高能 X 射线透视来识别焊接缺陷。

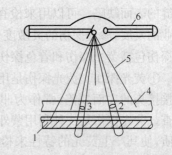

图 5-22 X 射线照相法探伤示意图
1. 底片 2、3. 内部缺陷 4. 焊件
5. X 射线 6. 射线管

(4)超声波探伤(UT) 超声波探伤是利用超声波来检验材料内部缺陷的无损检验法。超声波探伤也是应用很广的无损探伤方法。它不仅可检验焊缝缺陷,而且可检验钢板、锻件、钢管等金属材料内部存在的缺陷。

超声波是一种机械波,同人耳听到的声音一样,都是机械振动在弹性介质中的传播过程。所不同的是它们的频率不一样,通常把引起听觉的机械波称为声波,频率在 20~20000Hz 之间,而频率超过 20000Hz 的机械波则称为超声波。

超声波探伤检验时,利用一个探头(直探头或斜探头)将高频脉冲电讯号转换成脉冲超声波并传入工件。当超声波遇到缺陷和零件底面时,就分别发生反射。反射波被探头所接收,并被转换成电脉冲讯号,经放大后由荧光屏显示出脉冲波形,根据这些脉冲波形的位置和高低来判断缺陷的位置和大小。

超声波探伤较射线探伤具有较高的灵敏度,尤其对裂纹更为灵敏,并具有探伤周期短、成本低、安全等优点。缺点是要求零件表面粗糙度较低、判断缺陷性质直观性差、对缺陷尺寸判断不够准确、近表面缺陷不易发现、且要求操作人员具有较高的技术水平和工作经验。

(5)磁粉探伤(MT) 利用在强磁场中,铁磁性材料表层缺陷产生的漏磁场吸附磁粉的现象,而进行的无损检验法叫做磁粉探伤,如图 5-23 所示。当铁磁材料在外磁场感应作用下被磁化,若材料中没有缺陷,磁导率是均匀的,磁力线的分布也是均匀的。若材料中存在缺陷,则有缺陷部位的磁导率发生变化,磁力线发生弯曲。如果缺陷位于材料表面或近表面,弯曲的磁力线一部分泄漏到空气中,在工件的表面形成漏磁通,漏磁

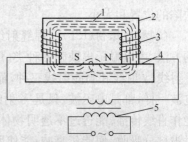

图 5-23 磁粉探伤原理图
1. 磁力线 2. 铁芯 3. 线圈
4. 试件 5. 变压器

通在缺陷的两端形成新的 S 极和 N 极,即漏磁场。漏磁场就会吸引磁粉,在有缺陷的位置形成磁粉堆积。探伤时可根据磁粉堆积的图形来判断缺陷的形状和位置。

磁粉探伤方法可检测铁磁性材料的表面和近表面的缺陷(裂纹、夹渣、气孔等),而且仅适用于导磁性材料。对于有色金属、奥氏体钢、非金属与非导磁性材

料则无能为力。

(6)密封性检验 密封性检验是指检查有无漏水、漏气和渗油、漏油等现象的试验。对于压力容器和管道焊接接头的缺陷,一般采用渗透性试验(渗透探伤)、水压试验、气密性试验及质谱检漏法等。

水压试验是用来对锅炉压力容器和管道进行整体严密性和强度的检验。一般来说,锅炉压力容器和压力管道焊后都必须做水压试验。水压试验时,试验水温要高于周围空气温度,以防外表面凝结露水,低碳钢和16MnR钢不低于5℃,其他低合金钢不低于15℃。首先将容器充满清洁的工业用水,然后,用水泵向容器内加压,加压前要彻底排清空气,否则试验中压力会不稳定。试验压力一般为工作压力的1.25~1.5倍。在升压过程中要分级升压,中间应作暂短停压,并对容器进行检查。当压力达到试验压力后,要恒压一定时间,根据不同技术要求,一般为5~30min(如给水管道为10min,球罐为30min),观察是否落压现象,没有落压则容器为合格。

气密性试验是将压缩空气(或氨、氟利昂、氦、卤素气体)压入焊接容器,利用容器内外气体的压力差,检查容器有无泄漏的试验法。

2. 破坏性检验

(1)折断面检验 焊缝的折断面检查简单、迅速,不需要特殊设备,在生产和安装工地现场广泛地采用。为保证焊缝在纵剖面处断开,可先在焊缝表面沿焊缝方向加工一条沟槽,槽深约为焊缝厚度的1/3,然后用拉力机械或锤子将试样折断,即可观察焊接缺陷,如气孔、夹渣、未焊透和裂纹等。根据折断面有无塑性变形的情况,还可判断断口是韧性破坏还是脆性破坏。

(2)钻孔检验 在无条件进行非破坏性检验的情况下,可以对焊缝进行局部钻孔检验。一般钻孔深度约为焊件厚度的2/3,为了便于发现缺陷,钻孔部位可用10%的硝酸水溶液浸蚀,检查完毕后钻孔处予以补焊。钻头直径比焊缝宽度大2~3mm,端部磨成90°角。

(3)力学性能试验

①拉伸试验。拉伸试验是为了测定焊接接头或焊缝金属的抗拉强度、屈服极限、断面收缩率和延伸率等力学性能指标。拉伸试样可以从焊接试验板或实际焊件中截取,试样的截取位置及形状如图5-24和图5-25所示。焊接接头的拉伸试验方法,按国家标准《焊缝及熔敷金属拉伸试验方法》(GB/T 2652—2008)的规定进行。

②冲击试验。冲击试验是为测定焊接接头或焊缝金属在受冲击荷载时的抗折断能力。根据产品使用要求应在不同的温度(如0℃、-20℃、-40℃等)下进行试验,以获得焊接接头不同温度下的冲击吸收功。把有缺口的冲击试样放在试

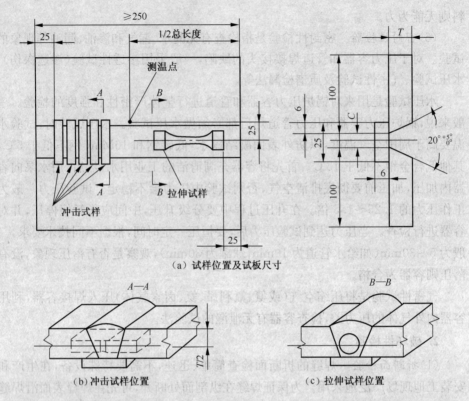

(a) 试样位置及试板尺寸

(b) 冲击试样位置   (c) 拉伸试样位置

焊条直径/mm	最小板厚 T	根部间隙 C/mm	每层焊道数/道	焊层数/层
2.5	12	10		—
3.2		13		5~7
4.0		16		7~9
5.0	20	20	2	
5.6		23		6~8
6.0				
6.4	25	25		9~11
8.0	32	28		10~12

图 5-24　射线探伤和力学性能试验的试板制备

验机上,测定试样的冲击功值。冲击试样可以从焊接试验板或实际焊件中截取,试样的截取位置及形状如图 5-24 和图 5-26 所示。冲击试验方法按国家标准《焊接接头冲击试验方法》(GB/T 2650—2008)的规定进行。

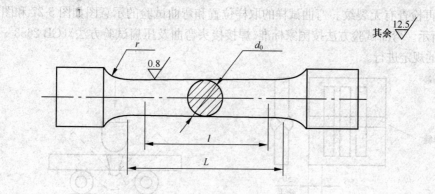

焊条直径	d_0	r 最小	l	L
≤3.2	6±0.1	3	30	36
≥4.0	10±0.2	4	50	60

（mm）

图 5-25　熔敷金属拉伸试样

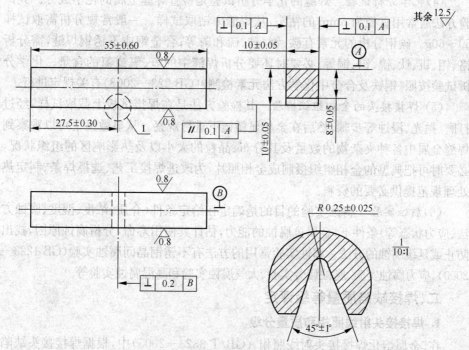

图 5-26　夏比 V 形缺口冲击试样

③弯曲试验。弯曲试验的目的是测定焊接接头的塑性,以试样任何部位出现第一条裂缝时的弯曲角度作为评定标准。也可以将试样弯到技术条件规定的角

度后,再检查有无裂纹。弯曲试样的取样位置和弯曲试验的示意图如图 5-27 和图 5-28 所示。弯曲试验方法按国家标准《焊接接头弯曲及压扁试验方法》(GB 2653—2008)的规定进行。

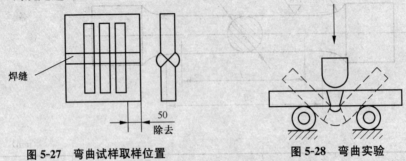

图 5-27　弯曲试样取样位置　　　　　　图 5-28　弯曲实验

④硬度试验。硬度试验是用来检测焊接接头各部位的硬度情况,了解区域偏析和近焊缝区的淬硬倾向。由于热影响区最高硬度与焊接件之间有一定的联系,故硬度试验结果还可以作为选择焊接工艺时的参考。硬度试验方法按国家标准《焊接接头硬度试验方法》(GB/T 2654—2008)的规定进行。

(4)化学分析试验　焊缝的化学分析试验是检查焊缝金属的化学成分。其试验方法通常用直径为 6mm 的钻头,从焊缝中钻取试样。一般常规分析需取试样 50~60g。碳钢分析的元素有碳、锰、硅、硫和磷等;合金钢或不锈钢焊缝,需分析铬、钼、钒、钛、镍、铝、铜等;必要时还要分析焊缝中的氢、氧或氮的含量。化学分析试验按照《钢铁及合金中化学方法元素检测》(GB 223—2008)有关规定进行。

(5)焊接接头的金相组织检验　其检验方法是在焊接试板上截取试样,经过打磨、抛光、浸蚀等步骤,然后在金相显微镜下进行观察。从显微镜下可以观察到焊缝金属中各种夹杂物的数量及其分布、晶粒的大小以及热影响区的组织状况,必要时可把典型的金相组织摄制成金相照片,为改进焊接工艺、选择焊条、制定热处理规范提供必要的资料。

(6)腐蚀实验　腐蚀实验的目的是确定在给定条件(介质、浓度、湿度、腐蚀方法、应力状态等)条件下,金属抗腐蚀的能力,估计其使用寿命,分析腐蚀原因,找出防止或延缓腐蚀的方法。腐蚀实验常用的方法有不锈钢晶间腐蚀实验(GB 1223—2000)、应力腐蚀实验、腐蚀疲劳实验、大气腐蚀实验和高温腐蚀实验等。

二、焊接缺陷质量等级评定

1. 焊接接头射线照相和质量分级

在《金属熔化焊接接头射线照相》(GB/T 3323—2005)中,根据焊接接头缺陷的性质和数量,焊接接头的质量分为四级:

Ⅰ级焊接接头:无裂纹、未熔合、未焊透和条状夹渣缺陷。

Ⅱ级焊接接头:无裂纹、未熔合和未焊透缺陷。

Ⅲ级焊接接头:无裂纹、未熔合缺陷以及双面焊和加垫板的单面焊中无未焊透缺陷。

Ⅳ级焊接接头:焊接接头中缺陷超过Ⅲ级者。

焊接接头的缺陷分级,主要有圆形缺陷分级和条形夹渣分级。

(1)圆形缺陷分级 长宽比小于或等于3的缺陷定义为圆形缺陷。它们可以是圆形、椭圆形、锥形或带有尾巴(在测定尺寸时应包括尾部)等不规则的形状,包括气孔、夹渣和夹钨。圆形缺陷分级是根据评定区域内圆形缺陷存在的点数来决定的。

评定区域的大小根据母材厚度来确定,见表5-5。评定区域应选在缺陷最严重的部位。

表5-5 圆形缺陷评定区域尺寸 (mm)

母材厚度 t	≤25	>25~100	>100
评定区域尺寸	10×10	10×20	10×30

评定圆形缺陷时应将缺陷尺寸换算成缺陷点数,见表5-6。

表5-6 缺陷点数换算表

缺陷长径/mm	≤1	>1~2	>2~3	>3~4	>4~6	>6~8	>8
点数	1	2	3	6	10	15	25

当圆形缺陷的长径在母材厚度 T≤25mm 时,小于0.5mm;25mm<T≤50mm 时,小于0.7mm;T>50mm,缺陷的长径小于1.4%T 时,可以不计点数。圆形缺陷的分级见表5-7。

表5-7 圆形缺陷的分级

评定区 /mm		10×10		10×20		10×30
评定厚度 T/mm	≤10	>10~15	>15~25	>25~50	>50~100	>100
质量等级 Ⅰ	1	2	3	4	5	6
Ⅱ	3	6	9	12	15	18
Ⅲ	6	12	18	24	30	36
Ⅳ			缺陷点数大于Ⅲ级者			

注:表中的数字是允许缺陷点的上限。

Ⅰ级焊缝和母材厚度等于或小于5mm的Ⅱ级焊缝内不计点数的圆形缺陷,在评定区域内不得多于10个,圆形缺陷长径大于1/2板厚时,评为Ⅳ级。

(2)条状夹渣的分级 长宽比大于3的夹渣定义为条状夹渣。条状夹渣分级见表5-8。

表 5-8 条状夹渣分级

质量等级	评定厚度 T	单个条形缺陷长度	条形缺陷总长
Ⅱ	$T \leqslant 12$ $12 < T < 60$ $T \geqslant 60$	4 $\frac{1}{3}T$ 20	在平行于焊缝轴线的任意直线上,相邻两缺陷间距均不超过 6L 的任何一组缺陷,其累计长度在 12T 焊缝长度内不超过 T
Ⅲ	$T \leqslant 9$ $9 < T < 45$ $T \geqslant 45$	6 $\frac{2}{3}T$ 30	在平行于焊缝轴线的任意直线上,相邻两缺陷间隙均不超过 3L 的任何一组缺陷,其累计长度在 6T 焊缝长度内不超过 T
Ⅳ	大于Ⅲ级者		

注:表中 L 为该组缺陷中最长者的长度。

如果在圆形缺陷评定区域内,同时存在圆形缺陷和条状夹渣或未焊透时,应各自评级,将级别之和减 1 作为最终级别。

(3)焊缝内部缺陷的辨认 X 射线适用于焊件厚度在 50mm 以下使用,γ 射线适用于厚度较大的工件。

如图 5-29 所示,检验后在照相底片上淡色影像的焊缝中所显示的深色斑点和条纹即是缺陷。

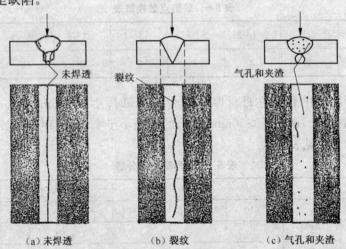

(a) 未焊透   (b) 裂纹   (c) 气孔和夹渣

图 5-29 照相底片上缺陷的辨认

①裂纹的辨认。裂纹在底片上一般呈略带曲折的、波浪状的黑色细条纹,有时呈直线细纹,轮廓较为分明,两端较为尖细,中部稍宽,一般无分支,两端黑线较浅,最后消失。裂纹在底片上的影像如图 5-29(b)所示。

②未焊透的辨认。未焊透在底片上通常是一条断续或连续的黑直线。在不开坡口的对接焊缝中,宽度常常较均匀。Ｖ 形坡口焊缝中未焊透在底片上的位置,多偏离焊缝中心,呈断续的线状,宽度不一致,黑度不均匀。Ｖ 形、Ｘ 形坡口双

面焊缝中的中部或根部未焊透在底片上呈黑色较规则的线状,如图 5-29(a)所示。

③气孔的辨认。气孔在底片上的特征分布不一致,有稠密,也有稀疏,如图 5-29(c)所示。CO_2 焊产生的气孔多呈圆形或椭圆形黑点,其黑度一般是在中心处较大,随之均匀地向边缘减小。

④夹渣的辨认。夹渣在底片上多呈不同形状的点或条纹。点状夹渣呈单独的黑点,外部不太规则,带有棱角,黑色较均匀。条状夹渣呈宽而短的粗线条状。长条形夹渣线条较宽,宽度不一致。夹渣在底片上的影像如图 5-29(c)所示。

2. 焊接接头超声波探伤质量分级

根据《钢焊缝手工超声波探伤方法及质量分级法》(GB 11345—1989)的规定,焊缝缺陷的等级分为 4 级。最大反射波幅位于 Ⅱ 区的缺陷,根据缺陷指示长度按表 5-9 评定。

表 5-9　按缺陷指示长度评定缺陷等级

评定等级 \ 检验等级 板厚 /mm	A 8~50	B 8~300	C 8~300
Ⅰ	$\frac{2}{3}t$,最小 12	$\frac{1}{3}t$,最小 10 最大 30	$\frac{1}{3}t$,最小 10 最大 20
Ⅱ	$\frac{3}{4}\delta$,最小 12	$\frac{2}{3}t$,最小 12 最大 50	$\frac{1}{2}\delta$,最小 10 最大 30
Ⅲ	<t 最小 20	$\frac{3}{4}t$,最小 16 最大 75	$\frac{2}{3}t$,最小 12 最大 50
Ⅳ	超过Ⅲ级		

注:1. t 为母材加工侧母材厚度,母材厚度不同时,以较薄侧板厚为准。

2. 圆管座角焊缝 t 为焊缝截面中心线高度。

如果最大反射波幅位于 Ⅱ 区的缺陷,其指示长度小于 10mm 时,按 5mm 计。当相邻两缺陷各向间距小于 8mm 时,两缺陷指示长度之和作为单个缺陷的指示长度。最大反射波幅不超过评定线的缺陷,均评为 Ⅰ 级,最大反射波幅超过评定线的缺陷,检验者判定为裂纹等危害性缺陷时,无论其波幅和尺寸如何,均评为 Ⅳ级。反射波幅位于 Ⅰ 区的非裂纹性缺陷,均评为 Ⅰ 级。反射波幅位于 Ⅲ 区的缺陷,无论其指示长度如何,均评为 Ⅳ级。

上述标准及其内容适用于母材厚度不小于 8mm 的铁素体类钢全焊透熔化焊对接焊缝脉冲反射法手工超声波检验,不适用于铸钢及奥氏体不锈钢焊缝、外径小于 159mm 的钢管对接焊缝、内径小于等于 200mm 的管座角焊缝、外径小于 250mm 和内外径之比小于 80% 的纵向焊缝。

第六章　二氧化碳气体保护焊工艺技术(中级工)

第一节　二氧化碳气体保护焊单面焊双面成形

一、二氧化碳气体保护焊单面焊双面成形的工艺特点

CO_2 焊单面焊双面成形工艺特点是采用连续击穿焊法。连续击穿焊法,是在焊接过程中利用 CO_2 焊电弧热量集中、穿透能力强的特点,直接熔透坡口根部,使坡口根部两侧各熔化 $1\sim2mm$,在熔池前沿形成了一个大于装配间隙的熔孔。施焊时,一部分熔敷金属过渡到焊缝根部及背面,另外大部分熔敷金属则在正面与母材金属形成熔池。当焊枪向前移动时,表面张力使熔融的金属向熔孔后方流动,熔融的金属在电弧吹力、液体金属重力与表面张力相互作用下保持平衡。冷却时,熔孔在电弧后方封闭,熔池不断冷却结晶最终形成完全熔透的正、反面焊缝。

由于 CO_2 焊单面焊双面成形采用连续焊法,这样不仅使 CO_2 焊施焊时电弧燃烧稳定、热量集中、对坡口根部加热均匀,而且气体对熔池保护良好,使冶金反应彻底。同时,由于采用较小的焊接热输入以及 CO_2 焊具有较强的冷却作用,使收弧时不易产生缩孔,因此,大大提高了焊缝的质量。

CO_2 焊与焊条电弧焊相比,由于 CO_2 焊是明弧操作,熔池可见度较好,容易掌握熔池变化,可直接观察到电弧击穿的熔孔,能够控制熔孔的大小并保持一致。另外焊接时由于接头少,产生缺陷的概率会相对减小。

二、二氧化碳气体保护焊单面焊双面成形操作技巧

1. CO_2 焊单面焊双面成形打底焊焊枪与焊件的角度

CO_2 焊单面焊双面成形焊接时,打底焊是单面焊双面成形的关键。而焊枪与焊件的角度,是保证单面焊双面成形打底焊焊接质量的关键。

板对接平、横、立焊时,焊枪与焊件的纵、横两个方向的角度均要保持 $90°$。板对接仰焊时,焊枪与焊件横向成 $90°$,纵向成 $55°\sim60°$。如图 6-1(a)所示。

管对接横焊时,焊枪与焊件轴线成向下倾斜 $10°\sim20°$,与圆周切线角度为 $70°\sim80°$,如图 6-1(b)所示。管对接全位置焊时,焊枪与焊件轴线保持 $90°$,与圆周切线角度为 $60°\sim80°$,如图 6-1(c)所示。

2. CO_2 焊单面焊双面成形打底焊焊接参数

CO_2 焊单面焊双面成形打底焊焊接参数见表 6-1。CO_2 焊单面焊双面成形打底焊时,焊丝伸出长度一般选择焊丝直径的 10 倍为宜。

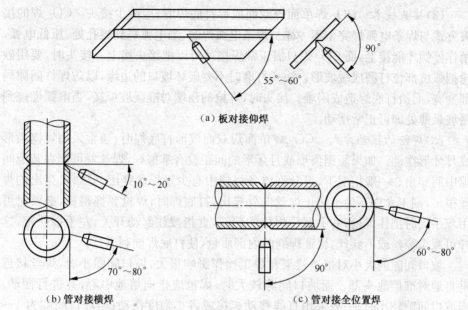

（a）板对接仰焊

（b）管对接横焊　　　　　　　　（c）管对接全位置焊

图 6-1　CO_2 焊单面焊双面成形时焊枪与焊件的角度

表 6-1　CO_2 焊单面焊双面成形打底焊焊接参数

厚度/mm	坡口形式	间隙/mm	焊接电流/A	电弧电压/V	焊丝直径/mm	CO_2 流量/L·min
2	I 形	1	80～90	17～18	0.9	10～15
10	V 形,55°～60°	1.5～2.5	90～100	18～19	1.2	15～20

3. CO_2 焊单面焊双面成形打底焊操作技巧

在 CO_2 焊单面焊双面成形打底焊的操作过程中,焊丝的熔滴和坡口根部熔化的金属形成一个小的电弧熔孔,它是熔池的一部分,要特别注意观察和控制这个熔孔的尺寸。一般熔孔直径保持在比坡口根部间隙大 0.5 ～1.0mm 为宜。这样,熔孔随焊丝缓慢向前移动,熔孔大小没有变化,就说明焊件背面的焊缝成形稳定、良好。在 CO_2 焊单面焊双面成形打底焊时应掌握以下操作技巧:

（1）防止未焊透和烧穿　CO_2 焊单面焊双面成形打底焊时焊工应仔细观察焊接熔池,并不断地根据实际情况改变焊枪的操作方式。操作时,往往能从熔池的上表面形态判断出焊道是否击穿。在焊道正常熔透情况下,熔融金属流动性较好,熔池成椭圆形。

如果熔池前端比母材表面下沉少许并出现咬边的倾向时,这是即将烧穿的征兆,应立即加大焊枪的左右摆动来降低熔池温度。

当熔池的熔融金属流动性差、表面张力大、焊缝正面成形变高时,这是焊缝反面即将出现未焊透的现象,应立即改变焊枪的操作方式,并重新调整焊接参数。

(2)接头技术 CO_2 焊单面焊双面成形打底焊时,应减少接头。CO_2 焊的接头方式与焊条电弧焊完全不一样。焊条电弧焊时,当电弧烧到熔孔处,压低电弧,稍作停顿才能接上,而 CO_2 焊只需正常焊接就可以把接头接上。接头时,要用砂轮把弧坑部位打磨成缓坡形。注意打磨时不要破坏坡口的边缘,以防焊件间隙局部变宽,而给打底焊造成困难。接头时,焊枪的顶端对准缓坡焊接,当电弧燃烧到缓坡最薄处即可正常摆动。

(3)焊枪的摆动方式 CO_2 焊单面焊双面成形打底焊时,通常采用短锯齿形或月牙形摆动。如果短锯齿形或月牙形的间距没有掌握好,焊丝就可能在装配间隙中间穿出。一般情况下,可允许整条焊缝中有少量焊丝穿出,但如果穿出的焊丝很多,则不允许。为了防止焊丝向外穿出,打底焊时,焊枪要握得稳,必要时可用双手同时把住焊枪,右手握住焊枪的后部,食指按住起动开关,左手握住把,这样可减少穿丝或不穿丝,保证焊缝的内部质量,使打底焊顺利进行。

坡口间隙的大小对熔透效果和焊工操作影响很大,坡口间隙小时,焊丝接近垂直地对准熔池头部。而坡口间隙较大时,焊枪应指向熔池中心,并进行摆动。当坡口间隙较小时,一般采用直线移动焊接或者小幅度摆动;当坡口间隙为 $1\sim2mm$ 时,采用月牙形的小幅度摆动,在焊道中心移动稍快,而在坡口两侧停留 $0.5\sim1s$。当坡口间隙更大时,摆动方式在横向摆动的同时还要前后摆动,这时电弧不能直接作用到间隙上,并注意在坡口两侧停留 $0.5\sim1s$。

熄弧或打底焊结束后,焊枪不可马上离开弧坑,以防产生缩孔、气孔等缺陷。

三、影响二氧化碳气体保护焊单面焊双面成形的主要因素

1. 坡口尺寸

对接焊缝的坡口尺寸包括坡口角度、钝边和装配间隙。

(1)坡口角度 坡口角度主要关系到电弧能否深入到焊缝根部,使根部焊透,进而获得较好的焊缝成形和质量。在保证电弧能够深入到焊缝根部的前提下,应适当减少坡口角度。

(2)钝边 钝边的大小直接关系到根部的熔透深度,钝边越大越不易焊透,钝边小或无钝边时则较容易焊透,但装配间隙较大时易烧穿。

(3)装配间隙 装配间隙是背面焊缝成形的关键因素,装配间隙过大,容易烧穿;间隙过小则难以焊透。

CO_2 焊单面焊双面成形的打底焊缝焊接,大多采用短路过渡。坡口角度一般在 $60°$ 即可,薄板可不开坡口。通常可采用较小钝边,甚至可以不留钝边。装配间隙为 $1\sim4mm$。

2. 焊接电流

焊接电流是决定熔深的主要因素。焊接电流过大时,焊缝易烧穿,甚至产生严重的飞溅和气孔;相反,则焊缝容易产生未熔合或外观成形不良。例如,当选用

φ1.2mm 焊丝时,打底焊缝焊接电流为 50～100A 较合适。

3. 电弧电压

在短路过渡情况下,电弧电压增加则弧长增加。电弧电压过低时,焊丝将插入熔池,电弧变得不稳定。通常焊接电流小,则电弧电压低;电流大,则电弧电压高。焊接电流与电弧电压的选择,如图 6-2 所示。

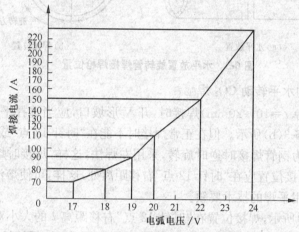

图 6-2 CO_2 焊单面焊双面成形的焊接电流与电压匹配

4. 焊接速度

在焊丝直径、焊接电流和电压一定的条件下,熔深、熔宽及余高随着焊接速度的增大而减小。如果焊接速度过快,容易使气体保护作用受到破坏,焊缝冷却太快,成形不良;相反,焊接速度太慢,焊缝宽度显著增大,熔池热量过分集中,容易烧穿或产生焊瘤。

第二节 低碳钢或低合金钢管的二氧化碳气体保护焊

一、低碳钢或低合金钢管的水平转动焊接

低碳钢或低合金钢管的水平转动焊接时,钢管水平放置,可绕自身轴线旋转,如图 6-3 所示。由于钢管可以旋转、焊工可以采用焊枪不动,让钢管以与焊接速度相同、方向相反的旋转方式来完成焊接。所以,焊枪应当放置在最有利的焊接位置上施焊。

1. 薄壁管的水平转动 CO_2 焊

薄壁管(壁厚 $t=2.5～7mm$)焊接时,开 I 形坡口或 V 形坡口,应当选择在立焊的位置焊接,如图 6-3(b)所示。焊枪在"时针 3 点"的位置不动,焊工按焊接速度用左手逆时针旋转钢管进行焊接。相当于向下立焊时的焊接状况,可按向下立焊的技术要领施焊。

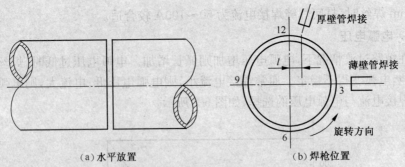

（a）水平放置　　　　　　　　（b）焊枪位置

图 6-3　水平放置旋转管焊接焊枪位置

2. 厚壁管的水平转动 CO_2 焊

厚壁管(壁厚 $t=10\sim20mm$)焊接时,开 V 形坡口,应当选择平焊位置,并采用多层焊,如图 6-3(b)所示。但在正常焊接时不能在"时钟 12 点"或"时针 12 点"左侧的位置,因为钢管焊接时逆时旋转,采用左焊法,这样,焊接时熔池会向前面流淌。较好的焊接位置应在"时针 12 点"右移距离处,这样,可使熔池处在相当于平焊的位置,应用平焊的技术要领。

如图 6-3(b)所示,焊接位置在"时针 12 点"右移距离 l 的大小对于焊缝的形状影响很大:l 过小时,焊缝熔深加大,余高过高;l 过大时,焊缝熔深浅,余高扁平,焊缝两侧未融合。只有 l 适当,焊缝成形才会良好。l 值要靠焊工的经验积累来取得。

①打底焊。打底焊时,在"时针 1 点"定位焊缝上引弧,并从右向左焊,边转动钢管边焊接。焊接时,要保证背面成形,注意钢管转动要使熔池保持水平位置,同平焊一样,要控制熔孔的直径比根部间隙大 $0.5\sim1mm$,焊完后须将打底层清理干净。

②填充焊。填充焊时,可采用月牙形或锯齿形摆动方式焊接。摆动时在坡口两侧稍做停留,以保证焊道两侧熔合良好,焊道表面略微下凹并趋于平整,且要低于焊件表面 $1\sim1.5mm$。操作时,不能熔化坡口边缘,焊后把焊道表面清理干净。

③盖面焊。盖面焊时,焊枪适当做横向摆动,摆动幅度略大,使熔池超过坡口边缘 $0.5\sim1.5mm$,以保证坡口两侧熔合良好,焊缝外形美观。

二、低碳钢或低合金钢管的垂直固定焊接

垂直固定的钢管,中心线处于竖直位置,焊缝在横焊位置。垂直固定钢管焊接与平板对接横焊类似,只是在焊接时要不断转动手腕来保证焊枪的角度。

1. 小直径管的垂直固定 CO_2 焊

小直径管焊接时的焊枪角度如图 6-4 所示。

小直径管焊接时采用左焊法,可采用单层单道或双层双道焊缝。焊接打底层焊道时,首先在右侧的定位焊缝处引燃电弧,焊枪做小幅度横向摆动,当定位焊缝

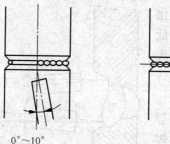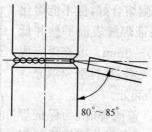

图 6-4　焊枪角度

左侧形成熔孔后,开始进入正常焊接。

　　焊接过程中,尽量保持熔孔直径不变,熔孔直径比间隙大 $0.5\sim1mm$ 为宜。从右向左依次焊接,同时不断改变身体位置和转动手腕来保证合适的焊枪角度。焊枪沿上、下两侧坡口做锯齿形摆动,并在坡口面上适当停留,保证焊缝两侧熔合良好。焊接速度不能太慢,防止烧穿、背面焊缝太高或正面焊缝下坠。

　　当焊到不好观察熔池位置时要断弧,断弧后不能移开焊枪,利用余气保护熔池完全凝固为止,不必填弧坑。然后将弧坑处磨成斜面后,转到右侧开始引弧,再从右至左焊接,如此反复操作。

2. 大直径管的垂直固定 CO_2 焊

　　大直径管通常采用多层多道焊。

　　①打底焊。打底焊时的焊枪角度如图 6-5 所示。打底焊在右侧定位焊缝上引弧,自右向左开始做小幅度的锯齿形摆动,待左侧形成熔孔后,转入正常焊接。

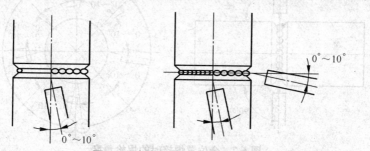

图 6-5　大直径管打底焊焊枪角度

　　打底焊的关键是保证焊缝的背面成形。焊接过程中,保证熔孔直径比间隙大 $0.5\sim1mm$,熔孔两边对称才能保证背面熔合好。要特别注意定位焊缝处的焊接,保证打底焊道与定位焊缝熔合良好。

　　当焊好一圈后立即断弧,但不能移开焊枪,利用 CO_2 余气保护熔池,直到熔池完全凝固为止。然后将焊件转过一定角度,再引弧焊接。如此反复操作,直至打底层焊完。

　　②填充焊。填充焊的焊枪角度与打底焊相同,但要适当加大焊枪的摆动幅

度,保证坡口两侧熔合好,但不能熔化坡口的棱边,保证焊缝表面平整并低于钢管表面 2.5～3mm。填充焊完成后要除净焊渣、飞溅,并打磨掉填充焊道接头的局部凸起处。

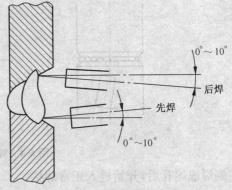

图 6-6　盖面焊焊枪角度

③盖面焊。盖面焊时,为保证焊缝余高对称,盖面层要分多道进行焊接。盖面层分两道焊接时的焊枪角度,如图 6-6 所示。

焊枪沿上下坡口做锯齿形摆动,并在坡口两侧适当停留,保证焊缝两侧熔合良好,熔池边缘要超过坡口棱边 0.5～2mm。注意采用合理的焊接速度,防止烧穿及焊缝下坠。

三、低碳钢或低合金钢管的水平固定焊接

水平固定管焊接时,钢管固定,轴线处于水平位置,属于全位置焊接。要求焊工对平焊、立焊及仰焊的操作都必须熟练。

1. 小直径管的水平固定 CO_2 焊

小直径管的水平固定 CO_2 焊,采用单层单道焊时,焊枪角度如图 6-7 所示。

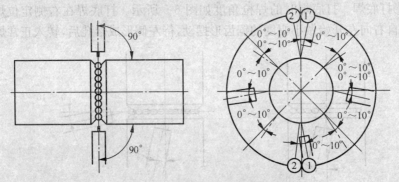

图 6-7　全位置焊接时的焊枪角度

焊接时,将钢管圆周焊缝分成两个半圆施焊。可以采用逆时针方向焊,也可以采取顺时针方向焊。先焊的半圆焊缝可以多焊一点。

如采用逆时针方向焊,起焊点可以取"时针 6 点半"的位置。焊接到"时针 12 点"位置,半圈焊缝焊完不要立即停止,可以多焊 10mm 左右再终止。此时,熄弧后不能立即移开焊枪,应利用 CO_2 余气保护熔池,直到熔池凝固为止。然后再从下面"时针 6 点半"位置,顺时针向上焊另半圈焊缝。施焊前应先将焊缝接头处打磨成斜面,然后在斜面最高处引燃电弧,沿顺时针方向焊完封闭段焊缝,在"时针

12点"位置收弧,并填满弧坑。

2. 大直径水平固定管的 CO_2 焊

大直径管多采用多层多道焊,焊接过程中焊枪的角度变化如图6-7所示。

①打底焊。打底焊缝分前后两半周完成。焊前半周时,由"时针6点"到"时针7点"位置处引弧开始焊接,焊接时要保证背面成形良好,不断调整焊枪角度,严格控制熔池及熔孔的大小,注意不要烧穿。如果在焊接过程中需要改变身体位置而熄弧,熄弧后焊枪不能立即移开,等送气结束、熔池凝固后方可移开。接头时为了保证接头质量,可将接头处打磨成斜坡形。前半周焊缝焊至过"时针12点"位置处停止。后半周焊接时与前半周相似,注意处理好始焊端与封闭焊缝的接头。

在仰焊位焊接时,为了防止熔池温度过高,焊缝下坠,要将熔孔控制到最小,只要在焊缝根部每侧熔化0.5mm即可。此时,为了焊缝背面成形饱满,焊枪的横向摆动速度应快些。当焊缝过渡到立焊位时,焊枪的摆动速度应逐渐放慢,并增加电弧在两侧的停留时间。当从立焊位向平焊位过渡时,要防止液态金属淌到焊缝背面,此时应适当减小熔孔的尺寸。焊枪在坡口中间速度加快,两侧做适当的停顿。当焊缝焊到顶部"时针12点"位置时,不要停止,应继续顺时针向前施焊10mm左右,再熄弧。

②填充焊。焊前应将打底焊缝的表面飞溅物清理干净。用角磨机打平焊缝凸起部分。清理好焊枪喷嘴上的飞溅颗粒,调整好焊接参数。

填充焊的操作同打底焊步骤相同,焊接过程中,要求焊枪摆动的幅度稍大,在坡口两侧适当停留,保证熔合良好,焊道表面稍下凹,不能熔化坡口棱边。最后一层填充焊缝的表面距焊件表面应保持1.5～2mm的距离,坡口的边缘棱角应当保持完整。

③盖面焊。焊前应将填充焊缝表面清理干净,打磨凸起的部分。盖面焊的操作方法与填充焊相同,只是焊枪的摆动幅度应更大一些,保证熔池两侧能超出坡口边缘0.5～1.5mm。电弧在坡口边缘的停顿时间要短,电弧缓慢回摆。焊缝接头要圆滑、丰满,不应出现弧坑。

盖面焊运枪速度要均匀,熔池对两侧的坡口熔化要一致,焊缝成形要美观,无凸出现象。

四、低碳钢或低合金钢的管板焊接

1. 管板垂直固定平角焊

管板垂直固定平角焊,一般采用左焊法,对于焊脚尺寸要求较小的焊件,采用单层单道焊接。如果管径较大,管壁较厚,要采用多层多道焊接。操作方法可采用转动管板进行,一次焊完一圈,也可采用不转动管板分段进行焊接。分段焊接时要保证接头处熔合良好。

管板垂直固定平角焊,操作要点是焊接过程中要求不断地转动手腕,来保证合适的焊枪角度和位置,并要求焊脚要对称。焊枪角度如图6-8所示。

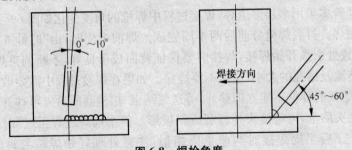

图 6-8 焊枪角度

焊接时,在右侧定位焊缝引弧,从右向左沿钢管外圆焊接,焊完圆周的 1/4～1/3 时收弧,并将收弧处磨成斜面。将磨好的接头处转到始焊处,再引弧焊接钢管圆周的 1/4～1/3。如此重复,直焊到剩下最后的一段封闭焊缝为止。

焊接封闭焊缝前,要将已焊好的焊缝两头都打磨成斜面,将打磨好的焊缝转到合适的地方焊完最后一段焊缝。结束时必须填满弧坑,不能使接头有凸出现象。

2. 管板水平固定全位置焊

管板水平固定全位置焊焊接难度较大,要求对平焊、立焊和仰焊的操作都要熟练。焊接时的焊枪角度如图6-9所示。

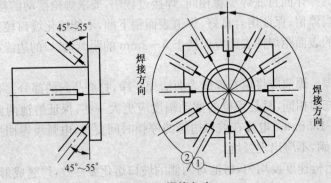

图 6-9 焊枪角度

焊接分两半周进行,前半周从"时针 7 点"位置开始,沿逆时针方向焊接至"时针 12 点",后半周从"时针 7 点"位置开始,沿顺时针方向焊接至"时针 12 点"。焊接时,焊工应不断地转动手腕和改变身体位置连续焊接。

采用单层单道焊时,首先在"时针 7 点钟"位置引弧,保持一定的焊枪角度,沿逆时针方向开始焊接。当焊到一定位置时如果身体位置不合适,可熄弧保持焊枪位置不变,快速改变身体位置,引弧后继续焊接至"时针 12 点"位置后熄弧。前半周焊完后,将"时针12点"位置的焊缝打磨成斜面,以利于封闭接头焊接。然后再从"时针7点"位置引弧,沿顺时针方向焊至"时针12点",接头处要保证表面平整,填满弧坑。

多层多道焊时的焊接操作过程同上,但焊接第一层时焊接速度要快,保证根部熔透;焊枪不摆动,保证焊脚较小;盖面焊时焊枪应摆动,保证焊缝两侧熔合良好,焊脚尺寸符合要求。

3. 管板垂直固定仰焊

管板垂直固定仰焊,可采用单层单道焊接和多层多道焊接,焊枪角度如图6-10所示。

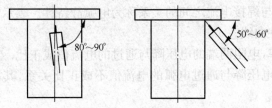

图 6-10　焊枪角度

单层单道焊时,从左侧定位焊缝上引弧,若只有两个定位焊缝,则从设有定位焊缝的那面引弧,并从左向右焊接。焊接过程中焊工应不断地改变身体位置和焊枪角度,尽可能地减少接头。焊接速度可稍快,但要保证根部焊透。焊完后,注意清渣并将焊道局部的凸起处磨平。

采用多层多道焊时,焊枪角度同单层单道焊相同,在左侧的定位焊缝上引弧,并从左向右沿钢管外圆焊接,焊完圆周的1/4~1/3熄弧。然后将焊件焊缝的收弧处打磨成斜面,并转到始焊处,在斜面的最高处引弧,接头并继续向右焊接。最后将已焊完的焊缝两端(头和尾)都打磨成斜面,并继续引弧焊完焊道。最后除净焊渣和飞溅,并将焊道上的局部凸起处磨平。

在进行打底焊时应注意保证根部焊透,焊接过程中要仔细观察熔池,根据焊丝、熔孔直径的变化情况,及时调整焊枪角度、焊枪摆动幅度和焊接速度,对准焊接位置,防止烧穿或未焊透。打底焊道的焊脚不能超过钢管坡口,否则盖面后焊脚会超差。盖面焊时,按打底焊步骤操作。焊接时需保证坡口熔合好,焊脚对称,且没有咬边缺陷。

在管板垂直固定仰焊的焊接过程中,焊工要根据焊缝的位置,随时改变身体位置和焊枪角度,进行连续焊接,如果一旦熄弧,应迅速引弧,继续焊接。

第七章 熔化极氩弧焊工艺知识(中级工)

第一节 熔化极氩弧焊的过程

一、氩弧焊电弧的静特性

1. 氩弧焊电弧的静特性曲线

焊接电弧是焊接回路中的负载,起着把电能转变为热能的作用。在电弧长度一定时,电弧电压与焊接电流之间的关系称为电弧静特性。表示它们关系的曲线称为电弧的静特性曲线。

根据欧姆定律,电阻两端的电压降与通过的电流值成正比。而焊接电弧在燃烧时,电弧两端的电压降与通过电弧的电流值不成正比关系,其比值是随着电流值的不同而变化。

电弧的静特性曲线如图 7-1 所示。在 ab 段电流很小,电弧电压增高,当电流增大时电弧的温度升高,气体电离和阴极电子发射增强,所以维持电弧所需的电弧电压就降低。bc 段在正常焊接参数时,电流通常从几十安培到几百安培,加大电流只是增加对电极材料的加热和熔化程度,电弧电压却不再随着电流强度的改变而改变。当焊接电流从曲线 c 点继续增加时,如果电极直径仍然不变,则由于电极区电流密度过大,电极辉点受电极端面积限制而相对地比正常状态有所压缩,使电极区的电压降增大,于是维持电弧所需的电弧电压随着焊接电流的增加而增加,形成了曲线 cd 段。

自动熔化极氩弧焊和自动钨极氩弧焊中,两极间距离基本固定不变,所以弧长变化不大。手工钨极氩弧焊或半自动熔化极氩弧焊中,均以手工操作运弧,所以弧长随时变化。因此,电弧的静特性曲线位置也随之变化,但电弧静特性曲线形状基本不变。如图 7-2 所示,电弧拉长时,电弧静特性曲线向上移动;电弧缩短

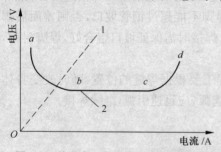

图 7-1 普通电阻静特性与电弧静特性

1. 普通电阻静特性 2. 电弧静特性

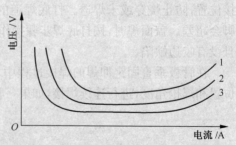

图 7-2 不同弧长对静特性曲线位置的影响

1. 拉长弧长 2. 正常弧长 3. 缩短弧长

时,电弧静特性曲线向下移动。

2. 电弧静特性曲线各区段的应用范围

氩弧焊中,随着使用电极类别不同,对电弧静特性曲线各区段的选用也不同。

①钨极氩弧焊由于钨极的使用电流小,电流密度也小,电弧受气体的压缩作用较小,故一般只用图7-1所示的电弧静特性曲线的水平区段(bc区段)。

②熔化极氩弧焊由于焊丝细,许用电流大,电流密度也大,同时气流对弧柱起着强烈的压缩和冷却作用,故一般都用图7-1所示的电弧静特性曲线的上升区段(cd区段)。

二、熔化极氩弧焊的熔滴过渡

根据所用焊丝及焊接热输入的不同,熔化极氩弧焊的熔滴过渡方式有短路过渡、滴状过渡和喷射过渡等。

1. 短路过渡

短路过渡时,熔滴在未脱离焊丝端头前就与熔池直接接触,电弧瞬时熄灭。焊丝端头液体金属靠短路电流产生的电磁收缩力及液体金属的表面张力被拉入熔池,如图7-3所示。随后,焊丝端头与熔池分开,电弧重新引燃,加热并熔化焊丝端头金属,为下一次短路过渡做准备。短路过渡时,熔滴的短路过渡频率每秒钟可达20~200次。

(a) 短路前 (b) 短路中 (c) 短路后

图7-3 短路过渡示意图

采用细焊丝、小电流以及小电压进行焊接时,其过渡形式为短路过渡。这种过渡工艺通常产生的熔池体积小、凝固快,适用于薄板、全位置焊接。

2. 滴状过渡

当电弧长度超过一定值时,熔滴依靠表面张力的作用,可以保持在焊丝端部自由长大,如图7-4所示。当促使熔滴下落的作用力大于表面张力时,熔滴就离开焊丝落到熔池中,而不发生短路。滴状过渡按熔滴的尺寸可分为大滴过渡和细滴过渡。大滴过渡时尺寸较大的熔滴(直径大于焊丝直径)以重力加速度从焊丝端部向熔池过渡。大滴过渡形式一

图7-4 滴状过渡

般出现在电弧电压较高、焊接电流较小的情况下。大滴过渡所形成的焊缝易出现熔合不良、未焊透、余高过大等缺陷。

当焊丝直径小于或等于 1.6mm、焊接电流超过 400A 时，熔滴较细，过渡频率较高，称为细滴过渡。细滴过渡主要用于平焊及横焊位置的焊接。有时为了避免熔合不良、未焊透、余高过大等缺陷，生产中常采用富氩混合气体保护焊进行焊接。

3. 喷射过渡

喷射过渡时尺寸细小的熔滴（直径小于焊丝直径）以远大于重力加速度的加速度沿焊丝轴线向熔池过渡。这种过渡形式出现在电弧电压高、焊接电流较大的情况下。焊接不同材料时，喷射过渡的形态也不同。

铝及铝合金焊接时的喷射过渡呈滴状过渡，称为射滴过渡，如图 7-5（a）所示。射滴过渡是在某些条件下，形成的熔滴尺寸与焊丝直径相近，焊丝金属以较明显的分离熔滴形式和较高的加速度沿焊丝轴向射向熔池。

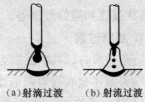

(a) 射滴过渡　　(b) 射流过渡

图 7-5　喷射过渡示意图

低碳钢、低合金钢及不锈钢焊接时的喷射过渡呈束流状，又称为射流过渡，如图 7-5（b）所示。射流过渡是在某些条件下，由于电弧热和电弧力的作用，焊丝端头熔化的金属被压成铅笔尖状，以细小的熔滴从液柱尖端高速沿轴向射入熔池。这些直径远小于焊丝直径的熔滴过渡频率很高，看上去好像在焊丝尖端存在一条流向熔池的金属液流。

综上所述：滴状过渡时熔滴直径比焊丝直径大，因而飞溅较大，焊接过程不稳定，熔化极氩弧焊一般不采用。短路过渡通常仅用于薄板焊接，而喷射过渡在熔化极氩弧焊生产中应用最为广泛。熔化极氩弧焊这三种熔滴过渡形式的应用范围见表 7-1。

表 7-1　熔化极氩弧焊熔滴过渡形式的应用范围

熔滴过渡形式	特　点	应用范围
短路过渡	电弧燃烧、熄灭和熔滴过渡过程稳定，飞溅小，焊缝质量较高	多用于 ϕ1.4mm 以下的细焊丝，在薄板焊接中广泛应用，适合全位置焊接
滴状过渡	焊接电弧长，熔滴过渡轴向性差，飞溅严重，工艺过程不稳定	生产中很少应用
喷射过渡	焊接过程较稳定，母材熔深大	中厚板平焊位置焊接

三、影响熔化极氩弧焊熔滴过渡的因素

影响熔化极氩弧焊熔滴过渡的因素包括：焊接电流、电源极性、气体成分、焊丝材料与直径、焊丝伸出长度等。

1. 焊接电流

采用纯氩或富氩气体保护焊,当焊接电流由小到大变化时,熔滴过渡形式将随电流的增加而变化。电流较小时为滴状过渡,当电流增大到一定值时,就会出现射滴过渡及射流过渡。

由大滴过渡向喷射过渡转变的最小电流称为喷射过渡的临界电流。临界电流取决于电弧气氛、焊丝种类、焊丝直径等。表 7-2 列出了各种焊丝的大滴—喷射过渡转变的临界电流值。

表 7-2 各种焊丝的大滴—喷射过渡转变的临界电流值

焊丝种类	焊丝直径/mm	保护气体	临界电流/A
低碳钢	0.8	98%Ar+2%O_2	150
	0.9		165
	1.2		220
	1.6		275
不锈钢	0.9	98%Ar+1%O_2	170
	1.2		225
	1.6		285
铝及铝合金	0.8	Ar	90
	1.2		135
	1.6		180
脱氧铜	0.9	Ar	180
	1.2		210
	1.6		310
硅青铜	1.2	Ar	205
	1.6		270
钛及钛合金	0.9	Ar	165
	0.8		120
	1.6		225
	2.4		320

2. 电源极性

为了得到稳定且熔滴尺寸细小的熔滴过渡,熔化极氩弧焊通常采用直流反接(工件接负极)。

采用直流反接时,阳极斑点的分布被约束在熔滴缩颈以下,液体金属表面有丰富金属蒸汽产生的区域,全部电流都通过熔滴。此时,将产生较大的促进熔滴过渡的电磁收缩力,因此,熔滴尺寸较小时就可被强制过渡,且过渡稳定有力,轴向性强。

采用直流正接（工件接正极）时，熔化极氩弧焊很难出现喷射过渡。电弧的阴极斑点可在焊丝的固态部分，焊丝端部的电流有一部分不流经液体金属熔滴，熔滴受到的电磁收缩力显著减小，且阻碍熔滴过渡的阳离子流的压力比直流反接时阻碍熔滴过渡的电子流的压力大，熔滴过渡在较大程度上要依靠重力，因而熔滴尺寸较大，过渡不稳定。只有当焊丝表面涂有活化物质时，在熔化状态可将阴极斑点限制在液体金属表面，而不会在固态焊丝部分，可以得到与反接相似的稳定而细小的熔滴过渡。

3. 气体成分

在富氩气体中容易产生喷射过渡，在 Ar＋He 混合气体中，也可以得到稳定的喷射过渡，但其临界电流比纯氩时高。在 Ar 中加入少量 O_2（2％～5％）或 CO_2（5％～10％），可以稳定电弧并降低临界电流，同时还能改善焊丝金属与母材金属的润湿度及焊缝成形。因此，钢材焊接中推荐采用这样的混合气体。

在多原子气体中焊接，不容易得到稳定的喷射过渡（而是非轴向过渡）。活泼性气体与高温熔滴金属易产生激烈的化学反应，金属飞溅严重，使焊接过程不稳定。为了改善这种情况，经常在 CO_2 气体中加入 20％或 25％的 Ar，采用短路过渡较稳定和飞溅较少的焊接工艺。

4. 焊丝材料与直径

焊丝中含碳量增加，在高温时生成一氧化碳气体，由于氧化性增强，气体的压力使较大的熔滴爆破成许多细小的熔滴。另外，随着焊丝中含碳量的增加，金属的熔点及黏性会降低，故增加过渡金属的流动性，使熔滴分裂成细小的熔滴。

当焊丝材料导热性较强时，如果采用直流反接，焊丝端头不容易形成铅笔尖状的液体金属柱，因此，不能得到射流过渡。

焊丝直径不同也会显著影响熔滴过渡形式。焊丝直径越小，临界电流越低，越容易得到稳定的射滴过渡或射流过渡。

5. 焊丝伸出长度（干伸长）

焊丝伸出长度增加，可以增强焊丝的电阻热作用，促进熔滴过渡，得到稳定的喷射过渡。但是，过大的伸出长度会使电弧不稳。

四、熔化极氩弧焊焊接质量的检验

熔化极氩弧焊焊接质量检验的方法见第五章第六节焊接检验的方法及相关内容。焊接质量检验一般包括：焊前检验、焊接过程中检验和焊后检验。

1. 焊前检验

焊前检验的目的是以预防为主，达到减少或消灭焊接缺陷的目的。其主要检验内容如下：

①金属原材料检验。包括金属原材料质量复检;来料的单据及合格证;金属材料上的标记;金属材料表面质量;金属材料的尺寸等。

②焊接材料(焊丝和保护气体)的检验。包括焊接材料的选用及审批手续;代用的焊接材料及审批手续;焊接材料及代用的焊接材料合格证书;焊接材料及代用的焊接材料质量复检;焊接材料的工艺性处理;焊接材料的型号及颜色标记等。

③焊件的生产准备检查。包括坡口的选用;坡口角度、钝边及加工质量。

④焊件装配检验。包括零、部件装配;装配工艺;定位焊质量。

⑤焊件试板检验。包括试板的用料;试板的加工;试板的尺寸及分类。

⑥焊接预热检验。包括预热方式、预热温度及温度的检测。

⑦焊工资格检查。包括焊工资格证件的有效期;焊工资格证件考试合格的项目。

⑧焊接环境检查。包括施焊当天的天气情况;露天施焊时,雨、雪天气应停止焊接;检查风速、相对湿度、最低气温等。

⑨试板焊接检验。指试板按正式焊件的焊接参数焊接,并按工艺文件所要求的内容进行检验。

2. 焊接过程中检验

焊接过程中检验的目的是为了防止和及时发现焊接缺陷,进行有成效的焊接缺陷修复,保证焊件在制造过程中的质量。主要检验内容如下:

①检查焊接工艺方法。焊接工艺方法是否与工艺规程规定的相符,否则应办理审批手续。

②检查焊接材料。查看焊接材料特征、颜色、型号标注、尺寸、焊缝外观特征;查看焊接材料领用单与实际使用焊接材料是否相符。

③检查焊接顺序。注意现场施焊部位的施焊方向和顺序。

④检查预热温度。根据焊件表面温度的变化情况,随时验证预热温度是否符合要求。

⑤检查焊道表面质量,对发现的焊缝缺陷及时进行修复。

⑥检查层间温度,防止多道焊或多层焊时,焊缝金属组织过热。

⑦检查后热处理。焊后要及时进行消除应力热处理,因此要检查后热处理的方法、工艺参数是否与工艺规程相同。

3. 焊后质量检验

焊后质量检验的目的是保证焊件质量完全符合技术要求,是焊接质量检验的主要内容,主要包括以下几项:

①焊缝外观检验。包括直接检查和间接检查。

②焊缝的无损检验。主要包括射线检验、超声波检验、磁粉探伤、渗透探伤和声发射探伤等。

③焊缝致密性检验。包括水压试验、气压试验、煤油试验及碳氢冲雾检漏试验等。

④力学性能检验。主要通过拉伸、弯曲、冲击和硬度等试验方法进行检验。

4. 焊接质量等级评定

焊接质量等级评定详见第五章第六节二、焊接缺陷质量等级评定相关内容。

第二节　熔化极氩弧焊设备

一、熔化极氩弧焊设备的控制系统

熔化极氩弧焊设备的控制系统由基本控制系统和程序控制系统组成。

1. 基本控制系统

基本控制系统主要包括:焊接电源输出调节系统、送丝速度调节系统、小车行走速度调节系统(自动焊)和气体流量调节系统。

基本控制系统的主要作用是:在焊前和焊接过程中调节焊接电流、电压、送丝速度、焊接速度和气流量。

2. 程序控制系统

程序控制系统的主要作用是:控制焊接电源的起动和停止;实现提前送气,滞后停气;控制水压开关动作,保证焊枪受到良好的冷却;控制送丝速度和焊接速度;控制引弧和熄弧。

供气系统的程序控制大致有三个过程:引弧时,要求提前送气1~2s,以排除引弧区的空气;焊接时,气流要均匀可靠;结束时,因熔池金属尚未冷却凝固,应滞后停气2~3s,防止空气中有害气体的侵入,保证焊缝的质量。

焊接电源的程序控制与送丝机构密切相关。焊接电源可在送丝机构之前起动,或与送丝机构同时接通,但在切断焊接电源时,要求送丝机构先停,而后再切断焊接电源,这样可避免焊丝末端与熔池黏连而影响弧坑处的焊缝质量。

熔化极气体保护焊的引弧方式一般有三种:爆断引弧、慢送丝引弧和回抽引弧。爆断引弧是指焊丝接触焊件通电,使焊丝与焊件接触处熔化,焊丝爆断后引弧。慢送丝引弧是指焊丝缓慢向焊件送进,直到电弧引燃。回抽送丝是指焊丝接触焊件后,通电回抽焊丝引燃电弧。

熔化极气体保护焊的熄弧方式一般有电流衰减(送丝速度也相应衰减,填满弧坑)和焊丝反烧(先停止送丝,经过一段时间后切断电源)两种。

二、熔化极氩弧焊设备的选用

对于规则的长焊缝,通常选用自动熔化极氩弧焊机进行焊接。而短焊缝、不规则焊缝等一般采用半自动氩弧焊机进行焊接。薄板的焊接、全位置焊接以及热敏感材料的焊接,通常选用脉冲熔化极氩弧焊机进行焊接。

1. 配弧焊整流器的国产半自动熔化极氩弧焊机的应用范围

配弧焊整流器的国产半自动熔化极氩弧焊机包括:NBA1—400、NBA7—400、S—52A、S—54D、NB—500、NB—630、NB—800等。

NBA1—400用于厚度为8～30mm的铝及铝合金板材的对接及角接。

NBA7—400用于焊接铝及铝合金、不锈钢等;送丝平稳,适于软细焊丝。

S—52A可进行MIG焊、MAG焊(CO_2焊)及点焊。

S—54D用于焊接铝及铝合金、不锈钢、低碳钢、低合金钢等。

NB—500、NB—630、NB—800可进行MIG焊、MAG焊(CO_2焊);适用于大厚度低碳钢、低合金钢、不锈钢、铝及铝合金的焊接。

2. 国产IGBT逆变式弧焊电源的半自动熔化极氩弧焊机的应用范围

国产IGBT逆变式弧焊电源的半自动熔化极氩弧焊机包括:NB—200、NB—315、NB—400、NB—500、NB—630等。

国产IGBT逆变式弧焊电源的半自动熔化极氩弧焊机还可用做MAG/CO_2弧焊机,采用慢送丝引弧,具有自动去球、收弧功能,可焊接低碳钢、低合金钢等。用做MIG焊机时可焊接不锈钢、铝及铝合金、铜及铜合金、钛及钛合金、可阀合金等多种金属的中厚板。

NB—200、NB—315用于厚度为8～30mm的不锈钢、铝及铝合金中厚板的对接及角接。

NB—400、NB—500、NB—630适用于中等厚度、大厚度的铝及铝合金、不锈钢、低碳钢、低合金钢等的焊接。

3. 国产自动熔化极氩弧焊机的应用范围

国产自动熔化极氩弧焊机包括:NZA19—500—1、NZA—1000、NZA—4.500—1、NZA—500等。

NZA19—500—1适用于铝及铝合金中厚板的对接及角接。

NZA—1000适用于厚度5～40mm的铝及铝合金、铜及铜合金的熔化极自动氩弧焊。

NZA—4.500—1用于焊接各种不锈钢、耐热合金及各种有色金属及其合金。

NZA—500适用于铝及铝合金、铜及铜合金等有色金属的焊接。

4. 国产IGBT逆变式半自动熔化极脉冲氩弧焊机的应用范围

国产IGBT逆变式半自动熔化极脉冲氩弧焊机包括:NBM—160、NBM—200、NBM—315、NBM—400、NBM—500、NBM—630等。上述IGBT逆变式半自动熔化极脉冲氩弧焊机采用慢送丝引弧,具有脉冲参数自动优化跟踪功能、自动去球功能、自动补偿弧长变化功能及自动收弧功能。特别适用于铝及铝合金、不锈钢的全位置焊接,以及热敏感材料的焊接。

5. 国产自动熔化极脉冲氩弧焊机的应用范围

国产自动熔化极脉冲氩弧焊机包括:NZA11—200、NU—200、NZA20—200、NZA24—200 等。

NZA11—200 用于不锈钢、耐热合金及其他活泼金属的焊接。

NU—200 用于不锈钢、耐热合金及其他活泼金属的堆焊和焊接。

NZA20—200 用于不锈钢、铝及铝合金、钛合金等的焊接。

NZA24—200 用于不锈钢、耐热合金、有色金属等的焊接。

三、熔化极氩弧焊设备的使用、维护保养

熔化极氩弧焊设备应严格按照使用说明书进行操作、维护和保养。

1. 熔化极氩弧焊设备的使用

①使用前应检查并确认电源、电压符合要求,接地装置安全可靠。

②作业前应检查并确认气管、水管不受外压和无泄漏。

③应根据材质的性能、尺寸、形状先确定极性,再确定电压、电流和氩气的流量。

④安装的氩气减压阀、管接头不得沾有油脂;安装后,应进行试验并确认无障碍和漏气。

⑤冷却水应保持清洁,水冷型弧焊机在焊接过程中,冷却水的流量应正常,不得断水施焊。

⑥弧焊机作业附近不宜有其他震动的机械设备,不得放置易燃、易爆物品;工作场所应有良好的通风措施。

⑦氩气瓶与焊接地点不应靠得太近,氩气瓶与热源距离应大于 5m,并应直立固定放置,不得倒放。

⑧高频引弧的氩弧焊机,其高频防护装置应良好,亦可通过降低频率进行防护;不得发生短路,振荡器电源线路中的联锁开关严禁分接。

⑨应防止焊枪被磕碰,严禁把焊枪放在工件上或地上。

⑩作业后,应切断电源,关闭冷却水源和气源。

2. 熔化极氩弧焊设备的维护保养

①应由专业资格人员对氩弧焊焊机进行安装、检修、保养及使用。

②每季度由专业维修人员用压缩空气机为氩弧焊机除尘一次;同时注意检查机内有无紧固件松动现象,如有立即排除。

③要经常检查输入、输出接线端子的接触情况,检查插头、调节旋钮是否松动,控制电缆是否破损;每月至少检查二次。

④当弧焊机超载异常报警后,不关闭电源,利用冷却风扇进行冷却,恢复正常

后减低负载,再进行焊接。

第三节　熔化极氩弧焊的焊接材料

一、富氩混合气体

熔化极氩弧焊一般不使用纯氩气体进行焊接,通常根据被焊工件的材料选用适当成分及比例的富氩混合气体。若采用纯氩气时会产生以下问题:

①易导致指状熔深,而指状熔深往往伴有根部未焊透、未熔合等缺陷。

②焊接低碳钢及低合金钢时,液态金属的黏度高、表面张力大,易导致气孔、咬边等缺陷。

③焊接低碳钢、低合金钢时,电弧阴极斑点不稳定,易导致熔深及焊缝成形不良。

熔化极氩弧焊常用的几种富氩混合气体及其工艺特点和应用范围见表 7-3。

表 7-3　熔化极氩弧焊常用的几种富氩混合气体及其工艺特点和应用范围

被焊材料	保护气体	化学性质	焊接方法	特点及应用范围
铝及其合金	$Ar+(20\%\sim90\%)He$ $Ar+(10\%\sim75\%)He$	惰性	熔化极 非熔化极	喷射及脉冲喷射过渡;电弧稳定,温度高,飞溅小,熔透能力大,焊缝成形好,气孔敏感性小;随着氦含量的增大,飞溅增大。适用于焊接厚铝板
不锈钢及高强度钢	$Ar+2\%CO_2$	弱氧化性	熔化极	可简化焊前清理工作,电弧稳定,飞溅小,抗气孔能力强,焊缝力学性能好
	$Ar+(1\%\sim2\%)CO_2$	弱氧化性	熔化极	提高熔池的氧化性,降低焊缝金属的含氢量,克服指状熔深问题及阴极漂移现象,改善焊缝成形,可有效防止气孔、咬边等缺陷。用于喷射电弧、脉冲喷射电弧
	$Ar+5\%CO_2+2\%O_2$	弱氧化性	熔化极	提高了氧化性,熔透能力大,焊缝成形较好,但焊缝可能会增碳。用于喷射电弧、脉冲喷射电弧及短路电弧
碳钢及低合金钢	$Ar+(1\%\sim5\%)O_2$ 或 $Ar+20\%O_2$	氧化性	熔化极	降低喷射过渡临界电流值,提高熔池的氧化性,克服阴极漂移及指状熔深现象,改善焊缝成形;可有效防止氮气孔及氢气孔,提高焊缝的塑性及抗冷裂能力,用于对焊缝性能要求较高的场合。宜采用喷射过渡
	$Ar+(20\%\sim30\%)CO_2$	氧化性	熔化极	可采用各种过渡形式,飞溅小,电弧燃烧稳定,焊缝成形较好,有一定的氧化性,克服了纯氩保护时阴极漂移及金属黏结现象,防止指状熔深;焊缝力学性能优于纯氩作保护气体时的焊缝

续表 7-3

被焊材料	保护气体	化学性质	焊接方法	特点及应用范围
碳钢及低合金钢	$Ar+15\%CO_2+5\%O_2$	氧化性	熔化极	可采用各种过渡形式,飞溅小,电弧稳定,成形好,有良好的焊接质量,焊缝断面形状及熔深较理想。该成分的气体是焊接低碳钢及低合金钢的最佳混合气体
铜及其合金	$Ar+20\%N_2$	惰性	熔化极	可形成稳定的喷射过渡;电弧温度比纯氩电弧的温度高,热功率提高,可降低预热温度,但飞溅较大,焊缝表面较粗糙
铜及其合金	$Ar+(50\%\sim70\%)He$	惰性	熔化极	采用喷射过渡及短路过渡;热功率提高,可降低预热温度
镍基合金	$Ar+(15\%\sim20\%)He$	惰性	熔化极 非熔化极	提高热功率,改善熔池金属的润湿性,改善焊缝成形
镍基合金	$Ar+60\%He$	惰性	非熔化极	提高热功率,改善金属的流动性,抑制或消除焊缝中的 CO 气孔;焊缝美观,钨极损耗小,寿命长
钛锆及其合金	$Ar+25\%He$	惰性	熔化极 非熔化极	可采用喷射过渡、脉冲喷射过渡及短路过渡,提高热功率,改善熔池金属的润湿性

注:1. 表中的气体混合比为参考数据,焊接时可视具体的工艺要求进行调整。
   2. 焊接低碳钢、低合金钢及不锈钢时,不必采用高纯 Ar,可用粗 Ar(一般含有 $2\%O_2+0.2\%N_2$ 及 O_2 或/及 CO_2 配合即可)。
   3. 焊接钛、锆及镍时,应用高纯 Ar。

二、不锈钢、铝及铝合金焊丝的选用

1. 不锈钢焊丝的选用

熔化极氩弧焊常用不锈钢焊丝见表 7-4。

表 7-4 熔化极氩弧焊常用不锈钢焊丝

母 材	焊丝牌号	焊丝主要成分
022Crl8Ni11(00Cr18Ni11)(低碳,且焊后不进行热处理)	H00Cr19Ni9	$20\%Cr,10\%Ni,<0.03\%C$
06Crl8Ni10(0Cr18Ni10)	H0Cr19Ni9	$20\%Cr,10\%Ni$
12Crl8Ni9Ti(1Cr18Ni9Ti)	H0Cr19Ni9Ti	$19\%Cr,9\%Ni,Ti$
12Cr18Ni9Ti(用于耐热环境)	H1Cr19Ni10Nb	$19\%Cr,10\%Ni,Nb$
12Cr18Ni12Mo3Ti(1Cr18Ni12Mo3Ti)	H0Cr19Ni11Mo3	$19\%Cr,11\%Ni,2.5\%Mo$
12Cr18Ni9(1Cr18Ni9)	H1Cr25Ni13	$25\%Cr,13\%Ni$
20Cr25Ni20Si2(2Cr25Ni20Si2),20Cr23Ni18(2Cr23Ni18)	H1Cr25Ni20	$25\%Cr,20\%Ni$

2. 铝和铝合金焊丝的选用

熔化极氩弧焊常用铝和铝合金焊丝见表7-5。

表7-5　熔化极氩弧焊常用铝和铝合金焊丝

| 牌号 | 焊丝型号 | | 名称 | 化学成分/% | | | | | 熔点 /℃ | 用途 |
	GB/T 10858—2008	GB/T 10858—1989		镁	锰	硅	铁	铝		
HS301	SAl1070	SAl—2	纯铝焊丝			0.20	0.25	99.6	660	焊接纯铝和要求不高的铝合金
HS311	SAl4043	SAlSi—1	铝硅合金焊丝			4.5~6		余量	580~610	焊接除铝镁合金以外的铝合金
HS321	SAl3103	SAlMn	铝锰合金焊丝		1.0~1.6			余量	643~654	焊接铝锰或其他铝合金
HS331	SAl5556 SAl3103	SAlMg—5	铝镁合金焊丝	4.7~5.7	0.2~0.6	0.2~0.5	≤0.4	余量	638~660	焊接铝镁及其他铝合金

第四节　熔化极氧化性富氩混合气体保护焊

熔化极氧化性富氩混合气体保护电弧焊,是采用在氩气中加入一定量的氧化性气体(活性气体),如氩气加二氧化碳气体($Ar+CO_2$)、氩气加氧气($Ar+O_2$)、氩气加氧气和二氧化碳气体($Ar+O_2+CO_2$)等作为保护气体的一种熔化极气体保护电弧焊方法。这种电弧焊方法尤其适用于碳钢、合金钢和不锈钢等黑色金属材料的焊接。

一、熔化极氧化性富氩混合气体保护焊的工艺特点

熔化极氧化性富氩混合气体保护焊,可采用短路过渡、喷射过渡和脉冲喷射过渡进行焊接,并能获得稳定的焊接工艺性能和良好的焊接接头。可用于平焊、立焊、横焊、仰焊以及全位置焊等。

采用氧化性富氩混合气体作为保护气体的优点有:提高熔滴过渡的稳定性;稳定阴极斑点,提高电弧燃烧的稳定性;改善焊缝熔深形状及外观成形;增大电弧的热功;控制焊缝的冶金质量,减少焊接缺陷;降低焊接成本。

采用氩气加少量的二氧化碳气体或氧气,直流反接焊接钢材时,氧化性气体虽然能使熔池表面发生轻微氧化反应,产生少量熔渣层,但与纯氩保护气相比,它可稳定阴极斑点,改善电子发射能力和减小电弧漂移,降低熔滴和熔池金属的表面张力,容易获得喷射过渡,改善焊缝成形。

二、常用氧化性富氩混合气体及其应用

1. 氩气加二氧化碳气体($Ar+CO_2$)

这种混合气体被用来焊接低碳钢与低合金钢。常用的混合比为 $Ar \geqslant 70 \sim$

80％，$CO_2 \leqslant 20\% \sim 30\%$。如果 CO_2 含量大于 25％，熔滴过渡失去氩弧的特征而呈 CO_2 电弧的特征。例如，氩气中加入 20％二氧化碳所形成的混合气体，既具有氩弧焊电弧燃烧稳定，飞溅小，容易获得轴向喷射过渡的特点，又具有氧化性，克服了氩气焊接时表面张力大，液体金属黏稠，斑点易飘移等问题，同时对焊缝蘑菇形熔深有所改善。这种混合气体可用于喷射过渡电弧、短路过渡电弧和脉冲过渡电弧。

2. 氩气加氧气($Ar+O_2$)

氩气中加入氧气的混合气体常用混合比为：$Ar \geqslant 95 \sim 99\%$，$O_2 \leqslant 1 \sim 5\%$。可用于碳钢、不锈钢等高合金钢和高强钢的焊接。可以克服纯氩气焊接不锈钢时存在的液体金属黏度大、表面张力大、易产生气孔、焊缝金属润湿性差、易引起咬边、阴极斑点飘移而产生的电弧不稳等问题。采用 $80\%Ar+20\%O_2$ 的混合气体焊接低碳钢和低合金钢，焊接接头的性能比采用 $80\%Ar+20\%CO_2$ 的混合气体焊接时要好。

3. 氩气加二氧化碳气体和氧气($Ar+CO_2+O_2$)

焊接低碳钢、低合金钢时，采用 $Ar+CO_2+O_2$ 混合气体作为保护气体比采用 $Ar+CO_2$ 和 $Ar+O_2$ 的混合气体作为保护气体获得的焊缝成形、接头质量、金属熔滴过渡和电弧稳定性要好。

三、双层气流保护

熔化极气体保护焊采用双层气流保护可以得到更好的效果。此时，喷嘴由两个同心的喷嘴组成，即内喷嘴与外喷嘴，气流分别从内、外喷嘴喷出，如图 7-6 所示。采用双层气流保护的目的一般有两个。

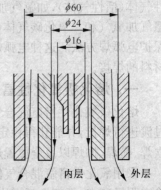

图 7-6 双层气流保护示意图

1. 提高保护效果

熔化极气体保护焊时，由于电流密度较大，易产生较强的等离子流，容易将保护气层破坏而卷入空气，破坏气体保护效果。这在大电流熔化极惰性气体保护电弧焊时尤其严重。如将保护气体分内、外层进入保护区，则外层的保护气流可以较好地将外围空气与内层保护气体隔开，防止空气卷入，提高保护效果。在铝合金大电流焊接时可以获得显著的保护效果。两层保护气体可用同种气体，但流量不同，需要合理配置。一般内层气体流量与外层气体流量的比例为 1：1 至 2：1 时得到较好的效果。

2. 大幅度降低成本

熔化极气体保护焊焊接钢材时，为得到喷射过渡，需要用富氩混合气体做保护气体。但是，影响熔滴过渡形式的气体环境，只是直接与电弧本身相接触的部分,因此,为了节省高价的氩气,可以采用内层氩气保护电弧区,外层 CO_2 气体保护熔池。少量 CO_2 气体卷入内层氩气保护区,仍能保证富氩性能,保证稳定的喷射过渡特点。熔池在 CO_2 气体保护下凝固结晶,可以得到性能良好的焊接接头。采用富氩混合气体保护焊时需要消耗 80% 的 Ar 和 20% 的 CO_2,而采用这种双层气流保护时,焊接效果相同,但气体消耗是 80% 的 CO_2 和 20 的%Ar,故可以大幅度降低成本。

第五节 窄间隙熔化极氩弧焊

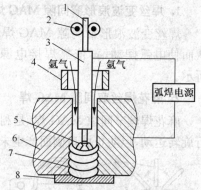

窄间隙熔化极氩弧焊是焊接厚板的一种高效率、高质量焊接技术,如图 7-7 所示。其主要特征是采用常规的自动电弧焊方法,对厚、大焊件采用I形坡口和小的或中等的热输入进行多层焊,具有节省焊件坡口加工费用、提高劳动生产率、改善焊接接头质量、节约金属和电能等优点。

图 7-7 窄间隙熔化极氩弧焊
1. 焊丝 2. 送丝轮 3. 导电杆 4. 保护罩
5. 电弧 6. 焊件 7. 焊缝 8. 衬垫

目前在焊接生产中窄间隙熔化极氩弧焊使用最广泛,它具有明弧、不需清渣、生产率高、可对环缝进行连续焊接等优点。这种焊接方法,不仅可以焊接碳钢和合金结构钢,也可用于焊接铝合金。

窄间隙焊接头坡口与普通焊接头坡口形式,如图 7-8 所示。根据所选焊丝粗细和焊接热输入大小,可将窄间隙熔化极氩弧焊分为细焊丝窄间隙焊和粗焊丝窄间隙焊两种。

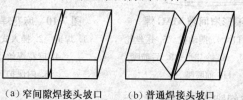

(a) 窄间隙焊接头坡口　　(b) 普通焊接头坡口
图 7-8 窄间隙焊接头坡口与普通焊接头坡口示意图

一、细焊丝窄间隙焊焊接工艺

细焊丝窄间隙焊焊接工艺,采用焊丝直径为 0.9~1.2mm,坡口间隙为 6~9mm。为了提高生产效率,通常采用双丝或三丝,焊丝间距为 50~300mm,每根焊丝有单独的送丝系统、控制系统和焊接电源。

由于细焊丝窄间隙焊焊接电弧功率小,输入焊件的热输入低,对于控制熔池与焊缝金属成分、减小焊缝体积与焊接应力变形、改善焊道之间的预热与回火作用均较为有利。所以在焊接大厚度、高强度焊件方面得到应用。

细焊丝窄间隙焊多采用富氩气体保护,如 $Ar+CO_2$ 混合气体,即采用 MAG 焊。由于二氧化碳含量过多会增加金属飞溅,所以一般二氧化碳含量不大于 20%,焊接时应合理地选定焊接参数和保证合适的匹配关系,以保证获得稳定的电弧和熔滴过渡特性。

细焊丝窄间隙氩弧焊时,为了保证两侧壁熔合良好,采用的工艺方法主要有焊丝变波浪形窄间隙 MAG 焊、麻花焊丝窄间隙 MAG 焊、折曲焊丝窄间隙 MAG 焊、肘摆式窄间隙 MAG 焊和高速旋转电弧窄间隙 MAG 焊。

1. 焊丝变波浪形窄间隙 MAG 焊

焊丝变波浪形窄间隙 MAG 焊,是向坡口宽度方向连续送入波浪形焊丝,从而使电弧摆动,再依靠焊接电源、气体压力来控制焊道表面形状,如图 7-9 所示。

2. 麻花焊丝窄间隙 MAG 焊

麻花焊丝窄间隙 MAG 焊,是利用两根绕在一起的焊丝(麻花焊丝)使电弧进行旋转运动,以防止坡口侧面产生未焊透缺陷,如图 7-10 所示。

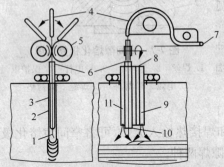

图 7-9 焊丝变波浪形窄间隙 MAG 焊
1. 焊丝 2. 焊枪 3. 坡口 4. 摆动板 5. 送丝轮
6. 导电管 7. 焊丝进口 8. 冷却水 9. 后喷嘴
10. 导电嘴 11. 前喷嘴

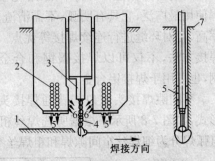

图 7-10 麻花焊丝窄间隙 MAG 焊
1. 焊道 2. 插入式保护喷嘴 3. 导电管
4. 麻花焊丝 5. 外保护气体
6. 内保护气体 7. 工件

3. 折曲焊丝窄间隙 MAG 焊

折曲焊丝窄间隙 MAG 焊,是把普通焊丝送进相当辊轮部位的一对特殊形状的齿轮。这对齿轮不但能使焊丝变成所要求的形状,而且能使焊丝弯曲变形,从而可使焊接电弧向坡口两侧方向高速摆动,使坡口两侧能够完全焊透,如图 7-11 所示。

4. 肘摆式窄间隙 MAG 焊

肘摆式窄间隙 MAG 焊,是使细焊丝($\phi1mm$ 或 $\phi1.2mm$)在送丝过程中"弯曲",在进入焊枪之前按弯曲的曲率送入环形机构,再通过喷嘴使焊丝指向固定,依靠环形机构往复运动(焊枪不动)来摆动电弧,达到坡口两侧或底部角落处被电弧熔化,避免出现未焊透的缺陷,如图 7-12 所示。

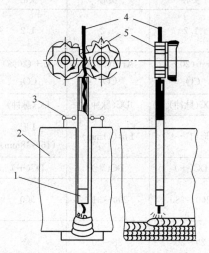

图 7-11 折曲焊丝窄间隙 MAG 焊

1.导电嘴 2.母材 3.辅助气体保护喷嘴
4.焊丝 5.成形齿轮

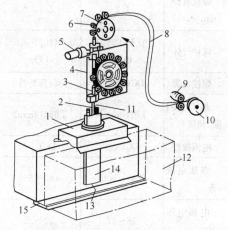

图 7-12 肘摆式窄间隙 MAG 焊

1.气体保护箱 2.冷却水 3.导向管 4.环板
5.电弧摆动电动机 6.支撑辊轮 7.弯曲辊轮
8.软导管 9.送丝电动机 10.焊丝盘 11.保护
气体 12.母材 13.焊丝 14.焊枪 15.垫板

5. 高速旋转电弧窄间隙 MAG 焊

高速旋转电弧窄间隙 MAG 焊,是焊丝从导丝嘴的中心送入,依靠导电嘴的偏心孔使焊丝偏心送进。导丝嘴由轴承支持,并借助电动机使其按同一方向高速旋转。因此,焊丝端部的电弧以导电嘴孔的偏心量为半径在熔池上方旋转,如图 7-13 所示。

不同工艺的 MAG 窄间隙焊的焊接参数,见表 7-6。

二、粗焊丝窄间隙焊焊接工艺

粗焊丝窄间隙熔化极氩弧焊,采用焊丝直径为 2~4.8mm,坡口间隙通常为 10~15mm。因粗焊丝窄间隙焊,采用大电流焊接,并要受焊丝外伸长度的限制,所以通常只适用于平焊位置,焊接厚度小于 40mm 的低合金结构钢焊件。

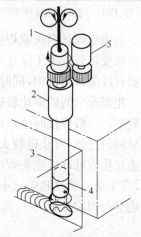

图 7-13 高速旋转电弧窄
间隙 MAG 焊

1.焊丝 2.轴承座 3.导丝嘴
4.导电嘴 5.旋转电动机

表 7-6 不同工艺的 MAG 窄间隙焊的焊接参数

方法 项目	焊丝变波浪形窄间隙 MAG 焊	麻花焊丝窄间隙 MAG 焊	折曲焊丝式窄间隙 MAG 焊	肘摆式窄间隙 MAG 焊	高速旋转电弧窄间隙 MAG 焊
焊丝种类	实心	实心	实心	实心	实心
焊丝直径 /mm	1.2	2.0×2	1.2	1.2	1.2
保护气体	Ar+(20%) CO_2	Ar+(10%~20%) CO_2	Ar+(20%) CO_2	Ar+(20%) CO_2	Ar+(20%) CO_2
焊接电源	DC(脉冲)	DC(降特性)	DC(脉冲)	DC(脉冲)	DC(脉冲)
坡口(间隙、角度)	I形(9mm)	I形(14mm)	V形(1°~4°)	I形(11mm)	I形 (16~18mm)
电流极性	DC(+)	DC(+)	DC(+)	DC(+)	DC(+)
焊接电流 /A	280~300	480~550	260~280	290~310	300
电弧电压 /V	28~32	30~32	29~30	28~30	33
焊接速度 /cm/min	22~25	20~35	18~22	20~27	25
摆动	—	—	250~900 次/min	20~60 次/min	最大 150Hz
焊接位置	平焊	平焊	平焊	平焊	平焊

注:DC(+)表示电流极性为直流正接,即选用直流焊接电源,焊件接正极。

由于粗焊丝窄间隙焊使用粗焊丝,导电嘴可不伸入到坡口间隙内,因而焊丝外伸长度较长。为了保证焊丝居中,并实现单道多层焊,必须采用能精细校正焊丝挺直度的校直机构,同时保持焊丝外伸长度不变。

粗焊丝窄间隙熔化极氩弧焊可采用大电流,从而能进一步提高窄间隙焊的生产效率。一般焊接时也采用富氩气体,即 MAG 焊。在采用直流反接时,焊丝熔化呈喷射过渡,可获得较大熔深,但焊缝成形系数小,产生裂纹倾向大,通常采用直流正接或脉冲电流来焊接。直流正接时焊丝熔化呈细滴过渡,熔深比直流反接小,产生结晶裂纹倾向减小。同时,为避免焊缝出现裂纹,还必须严格控制焊丝化学成分与焊接参数。

第八章 半自动熔化极氩弧焊工艺技术(中级工)

第一节 不锈钢熔化极氩弧焊基本工艺技术

一、不锈钢的分类及其型号

不锈钢有两种分类法。一种是按合金元素的特点,划分为铬不锈钢(以铬作为主要合金元素)和铬镍不锈钢(以铬和镍作为主要合金元素)。另一种是按正火状态下钢的组织状态,划分为马氏体不锈钢、铁素体不锈钢、奥氏体不锈钢和奥氏体-铁素体不锈钢等。

1. 马氏体不锈钢

这类钢的铬质量分数较高(13%～17%),碳质量分数也较高(0.1%～1.1%)。属于此类钢的有10Cr13(1Cr13)[①]、20Cr13(2Cr13)、30Cr13(3Cr13)等,其中以20Cr13(2Cr13)应用最广。此类钢具有淬硬性,多用于制造力学性能要求较高、耐腐蚀性要求相对较低的零件。例如,汽轮机叶片、医疗器械等。

2. 铁素体不锈钢

这类钢的铬质量分数高(13%～30%),碳质量分数较低(低于0.15%)。此类钢的耐酸能力强,有很好的抗氧化能力,强度低,塑性好。主要用于制作化工设备中的容器、管道等,广泛用于硝酸、氮肥工业中。属于此类钢的有022Cr12(00Cr12)、10Cr17(1Cr17)、10Cr17Mo(1Cr17Mo)、008Cr27Mo(00Cr27Mo)、08Cr30Mo2(00Cr30Mo2)等,其中以10Cr17(1Cr17)应用最广。

3. 奥氏体不锈钢

奥氏体不锈钢是目前工业上应用最广的不锈钢。它以铬、镍为主要合金元素,具有更优良的耐腐蚀性;强度较低,而塑性、韧性极好;焊接性能良好。主要用于制作化工容器、设备和零件等。奥氏体不锈钢化学成分类型有Cr18%—Ni9%(通常称18—8不锈钢)、Cr18%—Ni12%、Cr23%—Ni13%、Cr25%—Ni20%等几种。属于奥氏体不锈钢的有06Cr19Ni10(0Cr18Ni9)、022Cr19Ni10(00Cr19Ni10)、12Cr18Ni9(1Cr18Ni9)、12Cr18Ni9Ti(1Cr18Ni9Ti)、06Cr18Ni10Ti(0Cr18Ni10Ti)、06Cr18Ni11Nb(0Cr18Ni11Nb)、10Cr18Ni12(1Cr18Ni12)、06Cr17Ni12Mo2Ti(0Cr18Ni12Mo3Ti)、06Cr23Ni13(0Cr23Ni13)、06Cr25Ni20(0Cr25Ni20)等。常用的有12Cr18Ni9Ti(1Cr18Ni9Ti)、06Cr25Ni20(0Cr25Ni20)等。

二、奥氏体不锈钢的焊接性

《焊接术语》(GB/T 3375—1994)中焊接性的定义为:材料在限定的施工条件

---

① 括号内为不锈钢旧牌号

下焊接成按规定设计要求的构件,并满足预定服役要求的能力。焊接性受材料的种类及其化学成分、焊接方法、构件类型及使用要求四个因素的影响。

焊接性是金属材料加工(焊接)性能之一,与工艺条件有关。在影响焊接性的四个因素中,材料的种类及其化学成分是主要的影响因素。评定一种钢的焊接性,直接的方法就是进行焊接性实验。

奥氏体不锈钢的焊接性比马氏体不锈钢和铁素体不锈钢都好。但是,当焊接工艺制订不当时也会出现焊接热裂纹、焊接接头腐蚀和焊接接头脆化的问题。

1. 焊接热裂纹问题

焊缝和近缝区均可能产生热裂纹。最常见的热裂纹是在焊缝金属中产生结晶裂纹,有时在近缝区也会产生液化裂纹。钢中的含镍量越高,产生热裂纹的倾向越大。

2. 焊接接头腐蚀问题

(1)晶间腐蚀　焊接接头有三个部位有可能产生晶间腐蚀:焊缝晶间腐蚀、敏化区腐蚀和近缝区刀状腐蚀,如图 8-1 所示。这三种晶间腐蚀不会在同一接头上同时出现。焊缝晶间腐蚀发生在单纯的 18—8 型不锈钢焊接中,焊接 18—8 型不锈钢以后,焊缝又经受了 600℃~1000℃加热的情况下,或多层焊时前层焊缝受到后层焊缝600℃~1000℃加热的区域。敏化区腐蚀发生在不含稳定化元素(如 Ti、Nb 等)而又不是超低碳的 18—8 型钢的热影响区中加热温度达到600℃~1000℃的区域。近缝区刀状腐蚀只发生在含有 Ti、Nb 等稳定化元素的奥氏体钢接头的近缝区。

图 8-1　奥氏体钢接头的晶间腐蚀
1. 焊缝晶间腐蚀　2. 敏化区腐蚀　3. 刀状腐蚀

(2)应力腐蚀　由于奥氏体不锈钢的导热系数小、线膨胀系数大,在焊接不均匀加热的情况下,接头处很容易产生较大的焊接残余拉伸应力,因而在与钢材匹配的介质共同作用下,容易产生应力腐蚀。例如,$MgCl_2$、$CaCl_2$ 等对奥氏体钢并无腐蚀作用,但对有焊接残余拉伸应力的接头却有腐蚀开裂作用。有资料表明,焊接接头过热区对应力腐蚀开裂最为敏感。

3. 焊接接头脆化问题

奥氏体不锈钢在生产中用途很广,可以用在耐蚀、耐热、耐低温等各种工作条件下,但在不同的工作条件下对焊接接头性能的要求不同。如工作在室温或350℃以下的不锈钢,主要要求其具有耐蚀性;如热强钢,则要求其在高温下有足够强度的同时,有足够的塑性和韧性;如低温钢,则主要要求接头有良好的低温韧性。但是,如果焊接工艺制订不当,则可能产生高温脆化问题和低温脆化问题。

(1)高温脆化 高温下进行短时拉伸试验和持久强度试验表明,当奥氏体不锈钢焊缝中含有较多铁素体化元素或较多的 σ 相时,都会发生显著的脆化现象。一般认为与铁素体化元素促使析出的 σ 相和 δ 相能直接转变成 σ 相有关。铁素体 δ 相越多,影响越严重,因此要求长期工作在高温下的焊缝中所含的 δ 相数量应当小于 5%。

(2)低温脆化 试验表明,奥氏体钢焊缝中一次铁素体 δ 相不仅能引起高温脆化,而且也能引起低温脆化,δ 相数量越多,低温脆化越严重。因此,为了满足低温韧性的要求,最好不采用 γ+δ 双相组织,而应采用单相奥氏体组织。实际上即使采用单相奥氏体组织,其低温韧性也低于经固溶处理的母材。

焊接奥氏体不锈钢时,防止出现焊接热裂纹、焊接接头腐蚀和焊接接头脆化的主要措施有:控制焊缝组织、控制化学成分、选用小功率焊接参数和冷却速度快的工艺方法。

①控制焊缝组织。焊缝为奥氏体加少量铁素体双相组织,不仅能防止晶间腐蚀,也有利于减少钢中低熔点杂质偏析,阻碍奥氏体晶粒长大,防止热裂纹。

②控制化学成分。对 18—8 型不锈钢,减少焊缝中镍、碳、磷、硫元素的含量和增加铬、钼、硅、锰等元素的含量。

③选用小功率焊接参数和冷却速度快的工艺方法,避免过热,提高抗裂性。

三、不锈钢的熔化极氩弧焊工艺

熔化极氩弧焊主要焊接厚度在 1.5mm 以上的不锈钢。一般采用与母材成分相同的焊丝,见表 7-4。保护气体主要采用 Ar+(1%~5%)O_2、Ar+(2.5%~10%)CO_2 及 Ar+(30%~50%)He,Ar+(30%~50%)He 用于厚、大工件。为防止背面焊道表面被氧化,打底焊道及低层焊道施焊时,背面应附加氩气保护。

1. 短路过渡

短路过渡工艺用于焊接厚度在 1.6~3.0mm 的不锈钢焊件,通常选用直径为 0.6~1.2mm 的焊丝,配合 98%Ar+(1%~5%)O_2 或 Ar+(2.5%~10%)CO_2 的混合气体。不锈钢短路过渡熔化极氩弧焊的典型焊接参数,见表 8-1。

表 8-1 不锈钢短路过渡熔化极氩弧焊的典型焊接参数

板厚 /mm	接头形式	坡口类型	焊丝直径/mm	电流 /A	电弧电压/V	焊速/ mm·min^{-1}	送丝速度/ m·min^{-1}	保护气流量/ L·min^{-1}
1.6	T形接头	I形坡口	0.8	85	15	42.5~47.5	460	7.5~10
2.0			0.8	90	15	32.5~37.5	480	7.5~10
1.6	对接	I形坡口	0.8	85	15	47.5~52.5	460	7.5~10
2.0			0.8	90	15	28.5~31.5	480	7.5~10

2. 喷射过渡

喷射过渡工艺可用于焊接厚度大于 3mm 的不锈钢焊件,通常选用直径为 1.2~2.4mm 焊丝,配合 Ar+(1%~2%)O_2 或 Ar+(2.5%~5%)CO_2 的保护气体。不锈钢喷射过渡熔化极氩弧焊的典型焊接参数,见表 8-2。

表 8-2　不锈钢喷射过渡熔化极氩弧焊的典型焊接参数

板厚/mm	接头形式	坡口类型及尺寸 形式	间隙/mm	坡口角度/°	钝边/mm	焊道层数	焊丝直径/mm	电流/A	电弧电压/V	焊速/(mm·min^{-1})	保护气流量/(L·min^{-1})
3.2	对接	I	0~1.2	—	—	1	1.2	150~170	18~19	30~40	15
4.5	对接	I	0~1.2	—	—	1	1.2	200~220	22~23	50~60	15
6	对接	V	0~1	60	3	2	1.2	160~180 220~240	20~21 23~24	30~35 50~60	20
8	对接	V	0~1	60	4~6	2	1.6	280~300 260~280	28~30 25~27	40~50 35~40	20
10	对接	V	0~1	60	5	3	1.6	300~350 280~300 300~350	30~34 27~30 30~34	40~45 35~40 35~40	20
12	对接	双V	0~1	60	5~7	3	1.6	350~400 300~350 350~400	34~40 30~34 34~38	35~40 30~35 35~40	20
1.6	T形接头		0	—	3~4①	1	0.9	90~110	15~16	40~50	15
2.3	T形接头		0~0.8	—	3~4①	1	0.9	110~130	15~16	40~50	15
3.2	T形接头		0~1.2	—	4~5①	1	1.2	220~240	22~24	35~40	15
4.5	T形接头		0~1.2	—	4~5①	1	1.2	220~240	22~24	35~40	15
6	T形接头		0~1.2	—	5~6①	1	1.6	250~300	25~30	35~40	20
8	T形接头		0~1.6	—	6~7①	1	1.6	280~330	27~33	35~40	20
10		单边V形	0~1.2	45	5	2~3	1.6	250~300	25~30	30~40	20
12		单边V形	0~1.2	45	5~7	2~3	1.6	250~300	25~30	30~40	20

注：①焊脚尺寸。

3. 熔化极脉冲氩弧焊

熔化极脉冲氩弧焊,通常用来焊接各种空间位置的接头和要求焊接变形小的接头及对热敏感的不锈钢接头。不锈钢熔化极脉冲氩弧焊的典型焊接参数,见表8-3。

表 8-3　不锈钢熔化极脉冲氩弧焊的典型焊接参数

板厚 /mm	坡口类型	焊接位置	焊丝直径 /mm	脉冲电流 /A	平均电流 /A	电弧电压 /V	焊速/ cm·min⁻¹	气体流量/ L·min⁻¹
1.6	I	水平	1.2	120	65	22	60	20
1.6	I	横	1.2	120	65	22	60	20
1.6	90°V	立	0.8	80	30	20	60	20
1.6	I	仰	1.2	120	65	22	70	20
3.0	I	水平	1.2	200	70	25	60	20
3.0	I	横	1.2	200	70	24	60	20
3.0	90°V	立	1.2	120	50	21	60	20
3.0	I	仰	1.6	200	70	24	65	20
6.0	60°V	水平	1.6	200	70	23	36	20
	60°V	横	1.6	200	70	23	45	20
				180	70	24	45	20
	60°V	立	1.2	180	70	23	6	20
				90	50	19	1.5	20
	60°V	仰	1.2	180	70	23	6	20
				120	60	21	2	20

第二节　铝及铝合金的熔化极氩弧焊

一、铝及铝合金的分类及其牌号

铝是银白色的轻金属,密度小,导电率较高,仅次于金、银、铜,居第四位。铝及铝合金具有良好的热传导性和耐腐蚀性,在电力工业和化学工业中得到了广泛的应用。铝及铝合金很容易加工成形,可用铸造、轧制、冲压、拔丝、施压、拉形和滚轧等方法制成生产生活用品。

纯铝的熔点为660℃,而铝合金随着所含合金元素的不同,熔点在482℃～660℃之间变化。铝及铝合金从常温加热到熔化状态时,没有颜色的变化,这就使判断其熔点变得十分困难。

铝及铝合金的力学性能随其纯度而变化,纯度越高,强度越低,塑性越高。铝的导热率高(和钢相比),熔焊时需要输入较高的热量。在大型截面焊接时,需要进行预热。由于铝无磁性,当采用直流电弧焊接时,电弧不会偏吹,因此,可以用做焊接挡板和夹具。

　　铝及铝合金暴露在空气中,会很快形成一种黏着力强且耐热的 Al_2O_3 氧化薄膜。氧化膜的存在能够阻止铝金属继续氧化,保护金属不受破坏。在焊接前必须仔细清除这层氧化膜,才能保证熔焊时的母材和填充金属熔合良好。氧化膜可用溶剂去除,也可在惰性气体下,由焊接电弧的作用去除,还可用机械或化学方法去除。

　　纯铝的强度很低,为了提高强度常加入一些合金元素,如 Mn(锰)、Mg(镁)、Si(硅)、Cu(铜)及 Zn(锌)等。根据铝合金的化学成分和制造工艺,可将铝合金分为变形铝合金和铸造铝合金。变形铝合金按强化方式,又分为非热处理强化铝合金和热处理强化铝合金。

　　非热处理强化铝合金,仅可以变形强化,主要有铝锰合金及铝镁合金。非热处理强化的变形铝合金称为防锈铝合金,特点是强度中等、塑性及抗裂性好、焊接性也较好。

　　热处理强化铝合金既可以变形强化,又可以热处理强化。经热处理强化后强度较高、焊接性较差,特别在熔焊时,焊接裂纹倾向较大,焊接接头对应力腐蚀敏感。热处理强化的变形铝合金,可分为硬铝合金、超硬铝合金和锻造铝合金。

　　铸造铝合金中应用较广的是铝硅合金,该类合金铸造性能好,有足够的强度,并有较好的抗腐蚀性和耐热性。铝及铝合金的分类如图 8-2 所示。

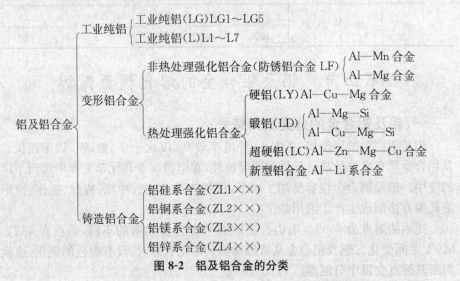

图 8-2　铝及铝合金的分类

　　工业纯铝的牌号、性能及用途,见表 8-4。常用变形铝合金的牌号、性能及用途,见表 8-5。常用铸造铝合金的牌号、性能及用途见表 8-6。

表 8-4　工业纯铝的牌号、性能及用途

新牌号	旧牌号	质量分数/%	σ_b/MPa	δ_s/%	硬度 HBS	用　途
1070A	L1	99.7				用于制造导电体及防蚀器械
1060	L2	99.6				
1050A	L3	99.5				
1035	L4	99.3	55~90	13~30	20~80	制造各种优质铝合金
1200	L5	99.0				
8A06	L6	98.8				制造普通铝合金及日用品

表 8-5　常用变形铝合金的牌号、性能及用途

类别	新牌号	旧牌号	σ_b/MPa	δ_s/%	硬度 HBS	用　途
防锈铝	5A05	LF5	280	23	70	制造焊接管道、耐蚀性容器、铆钉、防锈蒙皮及受力较小的结构件
	5B05	LF10	270	23	70	
	3A21	LF21	130	24	30	
硬铝	2A01	LY1	160	24	38	可加工成板、棒、管、线等型材或半成品,用于工业生产及国防建议
	2A11	LY11	180	18	45	
	2A12	LY12	230	18	42	
超硬铝	7A04	LC4	600	10	—	用于受力大的结构件
锻铝	6A02	LD2	130	24	30	用于航空及仪表工业中的锻造零件
	2A14	LD10	480	10	—	

表 8-6　常用铸造铝合金的牌号、性能及用途

合金牌号	合金代号	σ_b/MPa	δ_s/%	硬度 HBS	用　途
ZAlSi7Mg	ZL101	210	2	60	用于强度要求不高的薄壁零件,如壳体、气缸头等
ZAlSi12	ZL102	160	2	50	
ZAlCu5Mn	ZL201	300	8	70	用于制造高强度或高温条件下的零件,如支架、活塞等
ZAlCu10	ZL202	110	—	50	
ZAlMg10	ZL301	280	9.	60	用于防蚀介质中承受较大负荷的零件
ZAlZn11Si7	Z1401	250	1.5	90	用于汽车、飞机、仪表零件

二、铝及铝合金的焊接性

　　铝及铝合金熔化极氩弧焊(MIG 焊)时,不是用熔剂,而是利用焊件金属为负极时的电弧作用,去除妨碍熔化的氧化铝薄膜。因此,在焊接完成以后,不会因没有仔细去除熔剂而在使用过程中有造成金属腐蚀的危险。

　　在铝及铝合金熔化极氩弧焊焊接过程中,焊工可清楚地观察到熔池的情况,有利于困难位置的焊接。对焊接者要求的技术操作水平较低,比较容易操作。用

MIG焊进行铝及铝合金焊接,焊缝金属熔敷效率很高,通常大于95%,焊丝沿着焊缝移动时,基本没有飞溅和氧化现象,而且焊缝质量优良,焊件变形小。采用这种方法时,焊前一般不必预热,板厚较大时,也只需预热起弧部位。

　　MIG焊是铝及铝合金焊接的一种极其重要的方法,比较适宜焊接中厚板,可轻易地进行全位置焊接。随着焊接技术的发展,也能进行铝及铝合金的薄板焊接。这种工艺方法的缺点主要是,设备成本相对较高,且焊接的焊缝有时可能产生气孔。焊接铝及铝合金时容易出现气孔、热裂纹、夹渣和未熔合的缺陷问题。

1. 气孔

　　焊接铝及铝合金所产生的主要是氢气孔。高温时铝可以溶解大量的氢,在凝固过程中,原先熔于液态铝中的氢几乎全部析出,形成气泡。由于铝及铝合金的密度小,气泡在熔池中浮升的速度慢,加上铝的导热性强,冷凝快,不利于气泡浮出,因此焊接铝及铝合金时,焊缝产生气孔的倾向很大。

　　一般集中型大气孔,大多分布在熔合线附近或原坡口根部的表面上,断面呈圆形,尺寸较大、数量不多;散布型小气孔常布满整个焊缝的截面,断面呈圆形,尺寸小,数量多。

　　防止产生气孔的方法主要有:减少氢的来源,焊前对焊件和焊接材料都应认真地清除水分及油污;选择合理的焊接参数,采用大热输入,延长熔池存在的时间,有利于氢的析出;在焊接过程中应尽量减少中断,防止气孔的形成。

2. 热裂纹

　　铝的线膨胀系数约比钢大一倍,而凝固时的收缩率又比钢大两倍,因此,焊接铝及铝合金时会产生较大的内应力和焊接变形。其次,铝合金高温塑性低,因此,在较大的内应力下易产生热裂纹。

　　纯铝及大部分非热处理强化铝合金在熔化焊时,一般不易产生焊接裂纹,但是当焊件的刚度较大或合金杂质控制与工艺条件不当时,往往也会出现裂纹。

　　防止裂纹产生的方法主要有:合理选择焊丝的成分,可以在较大范围内改变焊缝化学成分;用集中加热的焊接方法,并用较大的焊接电流和较快的焊接速度;采用较小的间隙、合理的焊接顺序减少焊接应力。

3. 夹渣和未熔合

　　铝和氧的亲和力很大,在大气中就能与氧化合,生成一层致密而难熔的氧化膜(Al_2O_3),其熔点高达2050℃,焊接时覆盖在液态铝的上面,阻碍填充金属与母材之间的结合,妨碍熔融金属的填充。Al_2O_3的密度也大,约为铝的1.4倍,极易形成夹渣。

　　防止夹渣产生的方法主要有:焊前对坡口和焊丝表面的氧化铝薄膜进行严格的清理;焊接过程中对焊接区进行有效保护,防止焊接过程中出现二次氧化;熔化极氩弧焊时,避免导电嘴接触不良或过热。

　　未熔合常在坡口表面、根部底面上产生。其产生原因有:坡口和根部的氧化膜没有很好地清除,妨碍液态金属熔合;焊接热输入不够大;焊枪未对准焊缝中心线。

　　防止未熔合产生的方法主要有:严格清除坡口和焊丝表面上的氧化膜;适当提高焊接热输入,必要时对焊件预热;焊接时使电弧始终对准焊缝中心。

　　此外,在焊接以后,铝及铝合金的接头强度都有不同程度的降低,出现焊接接头软化,特别是硬铝和超硬铝,强度只有母材的 50%～70%。铝及铝合金的焊接接头耐腐蚀性也降低,尤其是热处理强化铝合金。

三、铝及铝合金的半自动熔化极氩弧焊工艺技术

1. 焊前清理

　　焊前去除工件表面上的氧化膜、水分、油污等。清理方法主要有机械清理和化学清理。利用化学反应去除工件及焊丝表面的氧化膜及油污,特别适合于铝合金、钛合金、镁合金母材及焊丝的焊前处理。铝及铝合金除油配方及工艺条件见表 8-7。铝及铝合金氧化膜的化学清理配方及工艺条件见表 8-8。

表 8-7　铝及铝合金除油配方及工艺条件

除　油			冲洗时间 /min		干　燥
除油液配方 /g·L⁻¹	除油液温度 /℃	除油时间 /min	30℃	室温	
Na_3PO_4 40～50 Na_2CO_3 40～50 Na_2CO_3 20～30 水余量	60	5～8	2	2	干布擦干

表 8-8　铝及铝合金氧化膜的化学清理配方及工艺条件

材料	碱　液			冲洗	中和光化			冲洗	干　燥
	溶液	温度 /℃	时间 /min		溶液	温度 /℃	时间 /min		
纯铝	NaOH 6%～10%	40～50	≤20	清水	HNO_3	室温	1～3	清水	100℃～110℃ 烘干,再置于低温干燥箱中
铝合金	NaOH 6%～10%	40～50	≤7	清水	HNO_3	室温	1～3	清水	

2. 焊接工艺

　　铝及铝合金的熔化极氩弧焊,通常选择氩气或氩气＋氦气混合气体作保护气

体。当板厚小于 25mm 时,采用纯氩气;当板厚为 25～50mm 时,采用 Ar＋(10%～35%)He 混合气体;当板厚为 50～75mm 时,宜采用添加 Ar＋(10%～35%)或 50%He 混合气体;当板厚大于 75 mm 时,推荐使用 Ar＋(50%～75%)He 混合气体。焊丝的选用一般按照成分相同的原则见表 7-5。

①短路过渡。2mm 以下的薄板,通常采用 0.8～1.2 mm 的焊丝,通过短路过渡工艺进行焊接,铝合金短路过渡熔化极氩弧焊的典型焊接参数见表 8-9。

表 8-9　铝合金短路过渡熔化极氩弧焊的典型焊接参数

板厚 /mm	接头及坡口类型	坡口间隙	焊接位置	焊道层数	电流 /A	电弧电压 /V	焊速 / mm·min^{-1}	焊丝直径 / mm	送丝速度 / m·min^{-1}	保护气流量 / L·min^{-1}
2	对接、I 形坡口	0～0.5	全位置	1	70～85	14～15	400～600	0.8	—	15
			平焊	1	110～120	17～18	1200～1400	1.2	5.9～6.2	15～18
1	T 形接头、I 形坡口	0～0.2	全位置	1	40	14～15	500	0.8	—	14
2			全位置	1	70	14～15	300～400	0.8	9.5～10.5	10
					80～90	17～18	800～900			14

②喷射过渡。对于厚度大于或等于 4mm 的焊件,一般采用 1.6～2.4mm 的焊丝,选择喷射过渡工艺进行焊接。铝合金喷射过渡熔化极氩弧焊的典型焊接参数见表 8-10。

③脉冲喷射过渡。焊接热敏感性强的热处理强化铝合金或空间位置的接头时,最好选择脉冲喷射过渡工艺。铝合金熔化极脉冲氩弧焊的典型焊接参数见表 8-11。

表 8-10 铝合金喷射过渡熔化极氩弧焊的典型焊接参数

板厚/mm	接头形式	坡口类型及尺寸				焊道层数	焊丝直径/mm	电流/A	电弧电压/V	焊速/mm·min⁻¹	保护气流量/L·min⁻¹
		类型	间隙/mm	坡口角度/°	钝边/mm						
4	对接	I	0~2	—	—	1	1.6	170~210	22~24	55~75	16~20
6	对接	I	0~2	—	—	2	1.6	160~190	22~25	60~90	16~20
6	对接	V	0~2	60	0~2	1	1.6	230~270	24~27	40~55	20~24
8	对接	V	0~2	60	0~2	2	1.6	170~190	23~26	60~70	20~24
8	对接	双V	1~2	60	0~2	2	1.6	240~290	25~28	45~60	20~24
10	对接	V	0~2	60	0~2	3	1.6	250~290	24~27	45~55	20~24
10	对接	双V	1~3	60	0~2	2	1.6	240~260	25~28	40~60	20~24
12	对接	V	0~2	60	1~2	4	1.6或2.4	290~330	25~29	45~65	24~30
12	对接	双V	2~3	60	2~3	2	2.4	230~260	25~28	35~60	20~24
16	对接	V	1~3	60	2~3	4	2.4	320~350	26~30	35~45	20~24
16	对接	双V	1~3	90	2~3	4	2.4	310~350	26~30	30~40	24~30
3	T形接头	I	5~7①	—	—	1	1.2	120~140	21~23	70~80	16
4	T形接头	I	5~8①	—	—	1	1.2或1.6	160~180	22~24	35~50	16~18
6	T形接头	I	6~8①	—	0~2	1	1.6或2.4	220~250	24~26	50~60	16~24
8	T形接头	I	8~9①	—	0~2	1	2.4	250~280	25~27	40~55	20~28
8	T形接头	K	0~2	30	0~2	2~4	2.4	240~270	24~26	55~60	20~28
10	T形接头	K	0~2	30	1~3	4~6	2.4	250~280	25~27	50~60	20~28
12	T形接头	K	1~3	30	2~3	4~6	2.4	270~300	25~27	45~60	20~28

注:①焊脚尺寸。

表 8-11　铝合金熔化极脉冲氩弧焊的典型焊接参数

板厚 /mm	接头 形式	焊接 位置	焊丝直径 /mm	焊接电流 /A	电弧电压 /V	焊速/ cm·min⁻¹	气体流量/ L·min⁻¹
3	对接	水平	1.4~1.6	70~100	18~20	21~24	8~9
		横	1.4~1.6	70~100	18~20	21~24	13~15
		立向下	1.4~1.6	60~80	17~18	21~24	8~9
		仰	1.2~1.6	60~80	17~18	18~21	8~10
4~6	角接	水平	1.6~2.0	180~200	22~23	14~20	10~12
		立向上	1.6~2.0	150~180	21~22	12~18	10~12
		仰	1.6~2.0	120~180	20~22	12~18	8~12
14~25	角接	立向上	2.0~2.5	220~230	21~24	6~15	12~25
		仰	2.0~2.5	240~300	23~24	6~12	14~26

第二部分 焊接操作技能部分

第九章 二氧化碳气体保护焊操作技能（初级工）

操作技能一 低碳钢板或低合金钢板角接接头或 T 形接头平位 CO_2 焊（厚度 $t \geqslant 6mm$）

一、焊前准备

①材料准备。试件材质：Q235 或 20Cr。试件规格：$200 \times 100 \times 6$ mm。坡口形式：T 形。焊接材料：选用 $\phi 1.2mm$ 的 H08Mn2SiA 焊丝。焊接设备：NBC—350KR。

②焊前清理。将坡口及坡口两侧 $15 \sim 20$ mm 内的油、锈、水分及其他污物清除干净，直至露出金属光泽。为防止飞溅造成清理困难和堵塞喷嘴，可在试件表面涂上一层飞溅防黏剂，在喷嘴上涂一层喷嘴防堵剂。

③装配和定位焊。组对间隙为 $0 \sim 2mm$，定位焊缝长 $10 \sim 15mm$，焊脚尺寸为 6mm，定位焊缝在试件两端，如图 9-1 所示。检查试件装配符合要求后，将试件平放在水平位置。

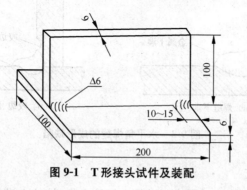

图 9-1 T 形接头试件及装配

二、焊接参数

采用单层单道焊，焊接参数见表 9-1。

表 9-1   6mm 厚钢板焊接参数

焊道位置	焊丝直径 /mm	伸出长度 /mm	焊接电流 /A	焊接电压 /V	气体流量 /L/min	焊接速度 /cm/min
1 层 1 道	1.2	13～18	220～250	25～27	15～20	35～45

三、操作方法

采用左焊法,焊枪角度如图 9-2 所示。调试好焊接参数后,在试件的右端引弧,从右向左焊接。焊枪指向距根部 1～2mm 处。由于采用较大的焊接电流,焊接速度可稍快,同时要适当地做横向摆动。

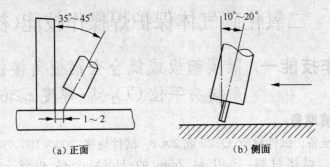

(a) 正面   (b) 侧面

图 9-2   水平角焊位焊枪角度

在焊接过程中,如果焊枪对准的位置不正确,引弧电压过低或焊接速度过慢都会使熔化金属下淌,造成焊缝的下垂,如图 9-3(a)所示;如果引弧电压过高、焊接速度过快、焊枪朝向垂直板、母材温度过高等则会引起焊缝的咬边和焊瘤,如图 9-3(b)所示。

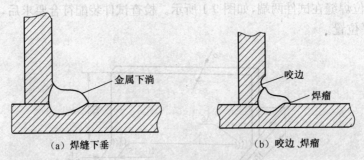

(a) 焊缝下垂   (b) 咬边、焊瘤

图 9-3   水平角焊缝的成形缺陷

四、质量要求

必须保证顶角处焊透;熔池下沿与底板熔合好,熔池上沿与立板熔合好,焊角对称;焊缝表面不得有裂纹、未熔合、夹渣、气孔、焊瘤和未焊透缺陷。

操作技能二 低碳钢板或低合金钢板对接平位 CO_2 焊（厚度 $t \geqslant 6mm$）

一、焊前准备

①材料准备。试件材质：Q235。试件尺寸：150mm×80mm×12mm。坡口形式：X 形，坡口角度为 60°，钝边为 5.0mm。焊接材料：正面焊缝选用 $\phi1.2mm$ 的 H08Mn2SiA 焊丝，背面焊缝选用 $\phi1.6mm$ 的 H08Mn2SiA 焊丝，采用纯度高于 99.8% 的 CO_2 气体。焊接设备：NBC—500KR。

②焊前清理。试件坡口加工完成后，清除坡口及坡口周围 20mm 范围内的油污、水分及铁锈，使其露出金属光泽。

③装配和定位焊。装配边缘误差控制在 1.2mm 以下，预留 3°～4° 的反变形量。从试件两端交叉进行定位焊缝的焊接，长度为 15～20mm，间距为 100～150mm，采用的焊接工艺与打底焊层焊相同。

二、焊接参数

采用细颗粒过渡 CO_2 焊进行焊接，两面各焊两道。焊接参数见表 9-2。

表 9-2 12mm 厚 Q235 钢板对接焊接参数

焊道	焊丝直径 /mm	焊接电流 /A	电弧电压 /V	气体流量 /L·min⁻¹	焊接速度 /mm·min⁻¹
第一道	1.2	300～330	32～34	20～25	350～450
第二道	1.6	330～360	33～35	20～25	450～500

三、操作方法

1. 正面第一道焊缝的焊接

在工件右端定位焊缝前约 20mm 处引弧，电弧引燃后立即返回焊道右端，拉长电弧预热 1～2s，压低电弧至正常弧长，当坡口底部熔池尺寸稳定后，向左移动焊枪，转入正常焊接。焊枪沿坡口作直线移动，或作微小横向摆动。焊接过程中，根据熔池的变化，调整焊枪摆动幅度和焊接速度，使熔池尺寸保持稳定，保证焊道平整且稍有下凹。

2. 正面第二道焊缝的焊接

焊完第一道焊缝后，必须将焊道表面清理干净。仍从试件右端开始焊接。焊枪作月牙形或锯齿形摆动，摆动幅度应超过坡口边缘 1.0～1.5mm，在坡口两侧稍作停留，保证坡口两侧熔合良好。应尽可能保持焊接速度均匀，熄弧时应填满弧坑。

3. 背面焊缝的焊接

焊好正面后，翻转工件，进行背面焊缝的焊接。焊接操作方法与正面焊缝相同。

四、质量要求

焊缝表面和焊层之间不得有裂纹、未熔合、夹渣、气孔、焊瘤和未焊透缺陷。试件变形:试件(试板)焊后变形角度≤3°,错边量≤2mm。

操作技能三 低碳钢管或低合金钢管对接水平转动 CO_2 焊(管径 $\phi \geqslant 60mm$)

一、焊前准备

①材料准备。试件材质:Q235。试件尺寸:$\phi 220mm \times 8mm$。坡口形式:U形(单边 J 形破口),如图 9-4 所示。焊接材料:选用直径为 1.2mm 的 H08Mn2SiA 焊丝,采用纯度高于 99.8%的 CO_2 气体。焊接设备:NBC—200KR。

②焊前清理。坡口加工完成后,清除坡口及其周围 20mm 范围内的油污、水分、铁锈等,使其露出金属光泽。

③装配。将钢管放在滚轮架上,按照图 9-4 所示进行装配,根部间隙控制在 1.5～2.5mm 之间,高低平整,不得有错边。

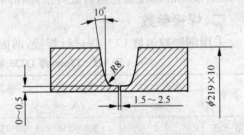

图 9-4 $\phi 220mm \times 8mm$ 钢管的对接装配示意图

④定位焊。可采用与打底焊相同的焊接参数。在整个环缝上焊接三段定位焊缝,每段长度为 10～15mm。采用左焊法进行焊接,首先在"时针 1 点"位置进行第一段的焊接,转动 120°后焊接第二道,再转动 120°后焊接第三道。定位焊缝上应无未焊透、气孔等缺陷,焊好后用角向磨光机将其两端打磨成斜坡,以便于接头。

二、焊接参数(见表 9-3)

表 9-3 $\phi 220mm \times 8mm$ 钢管的对接焊接参数

焊层	焊接电流 /A	电弧电压 /V	焊丝伸出长度 /mm	气体流量 /L·min^{-1}
打底层	100～120	18～19	18～20	12～16
填充层	110～130	19～21	18～20	12～16
盖面层	120～140	20～22	20～22	12～16

三、操作方法

1. 打底焊

使定位焊缝位于"时针 1 点"的位置,在该定位焊缝上引弧,将焊枪保持在"时针1点"位置且不摆动,并使钢管沿顺时针方向转动。这样可防止熔池金属流淌,将熔池宽度控制在比根部间隙大 0.5~1mm。焊完后,将打底层表面清理干净。

2. 填充焊

仍在"时针1点"处引弧,焊枪保持在该位置,并作月牙形或锯齿形摆动。焊枪摆动到坡口两侧稍作停留,保证焊道两侧熔合良好,但不能熔化工件表面的坡口棱边。控制焊接速度、弧长及两侧停留时间,使焊道表面微有下凹,并低于工件表面 1.0~1.5mm。焊后将焊道表面清理干净。

3. 盖面焊

在钢管"时针1点"处引弧并焊接,焊枪保持在该位置,焊枪摆动幅度应明显大于填充层时的摆动幅度,应超过坡口边缘 0.5~1.5mm,以保证坡口边缘熔合良好。

四、质量要求

打底焊时操作不当容易产生烧穿、夹渣现象,层与层之间也易出现夹渣、未熔合、气孔等缺陷。焊缝表面和焊层之间不得有裂纹、未熔合、夹渣、气孔、焊瘤和未焊透缺陷。

操作技能四 低碳钢板或低合金钢板对接平位 CO_2 焊单面焊双面成形(厚度 $t \geqslant 6mm$)

一、焊前准备

①材料准备。试件材质:Q235。试件尺寸:150mm×80mm×12mm。坡口形式:V 形,坡口角度为 60°,钝边为 0~0.5mm。焊接材料:选择 $\phi1.2mm$ 的 H08Mn2SiA 焊丝,采用纯度高于 99.8% 的 CO_2 气体。焊接设备:NBC—350KR。

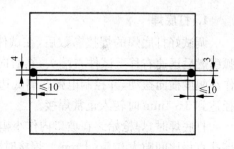

图 9-5 装配间隙及定位焊

②焊前清理。坡口加工完成后,清除坡口及其周围 20mm 范围内的油污、水分及铁锈,使其露出金属光泽。

③装配和定位焊。装配间隙及定位焊如图 9-5 所示,试件对接平焊的反变形如图 9-6 所示。

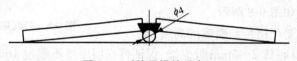

图 9-6 对接平焊的反变形

二、焊接参数(见表 9-4)

表 9-4　焊接参数

焊 层	焊丝直径 /mm	焊丝伸出 长度/mm	焊接电流 /A	电弧电压 /V	气体流量 /L/min
打底层			90～100	18～20	10～15
填充层	1.2	20～25	220～240	24～26	20
盖面层			230～250	25	20

三、操作方法

焊前先检查装配间隙及反变形是否合适,间隙小的一端放在右侧。采用左焊法,焊枪角度如图 9-7 所示。

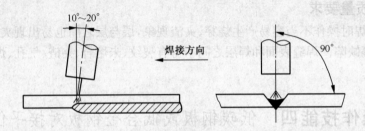

图 9-7　对接平焊的焊枪角度

1. 打底焊

调试好打底焊的焊接参数后,在试件右端左侧约 20mm 处坡口内引弧,待电弧引燃后迅速右移至试件右端头,然后向左开始焊接打底焊道,焊枪沿坡口两侧作小幅度横向摆动,并控制电弧在离底边约 2～3mm 处燃烧,当坡口底部熔孔直径达到 3～4mm 时转入正常焊接。

打底焊时,焊枪始终在坡口内作小幅度横向摆动,并在坡口两侧稍微停留,使熔孔直径比间隙大 0.5～1 mm。焊接时要仔细观察熔孔,并根据间隙和熔孔直径的变化,调整横向摆动幅度和焊接速度,尽可能地维持熔孔的直径不变,以保证获得宽窄和高低均匀的背面焊缝。

在焊接的过程中,电弧在坡口两侧的停留的时间,应保证坡口两侧熔合良好,使打底焊道两侧与坡口结合处稍下凹,焊道表面保持平整,如图 9-8 所示。

打底焊时,要严格控制喷嘴的高度,电

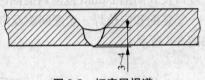

图 9-8　打底层焊道

弧必须在离坡口底部 2～3mm 处燃烧,保证打底层厚度不超过 4mm。

2. 填充焊

调试好填充层的焊接参数后,在试件右端开始焊填充层,焊枪横向摆动的幅度较打底层焊时稍大,应注意坡口两侧的熔合情况,保证焊道表面平整并稍下凹。

焊填充层时要特别注意,除保证焊道表面的平整并稍下凹外,还要掌握焊道厚度,其要求如图 9-9 所示,焊接时不允许熔化棱边。

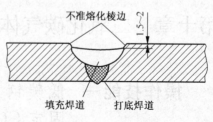

图 9-9　填充层焊道

3. 盖面焊

调试好盖面层的焊接参数后,从右端开始焊接,焊接过程中应保持喷嘴高度一定,特别注意观察熔池边缘,熔池边缘必须超过坡口上表面棱边 0.5~1.5mm,并防止咬边。盖面焊时焊枪的横向摆动幅度比填充焊时稍大,尽量保持焊接速度均匀,使焊缝外形美观。收弧时要注意填满弧坑并使弧坑尽量小,防止产生弧坑裂纹。

四、质量要求

①焊缝尺寸:要求见表 9-5。

表 9-5　焊缝尺寸要求　　　　　　　　　　　　　　　(mm)

	焊 缝 宽 度	余高	余高差	焊缝宽度差
正面	比坡口每侧增宽 0.5~2	0~3	<2	<2
背面		<3	<2	≤2

②焊缝宽度(比坡口):每侧增宽 0.5~2.5mm。

③焊缝表面缺陷:咬边深度≤0.5mm,焊缝两侧咬边总长度不超过 30mm;背面凹坑深度≤2mm,总长度<30mm;焊缝表面不得有裂纹、未熔合、夹渣、气孔、焊瘤和未焊透。

④试件变形:试件(试板)焊后变形角度 0≤3°,错边量≤2mm。

⑤焊缝内部质量:焊缝经 JB4730—1994《压力容器无损检测》标准检测,射线透照质量不低于 AB 级,焊缝缺陷等级不低于 Ⅱ 级。

〔提　高　篇〕

第十章　二氧化碳气体保护焊操作技能(中级工)

操作技能一　低碳钢或低合金钢管板插入式水平固定 CO_2 焊

一、焊前准备

①材料准备。试件(管和管板):20低碳钢管,规格 $\phi51mm\times3mm$,用切管机或气割下料,气割下料的管件端面再用车床加工;管板规格(长×宽×厚) $100mm\times100mm\times12mm$,材料为20钢,用剪板机或气割下料,管板孔用钻床、车床或镗床加工;试件装配图样如图10-1所示。焊接材料:焊丝型号 ER49—1(H08Mn2SiA),焊丝直径1.2mm; CO_2 纯度应大于99.5%(体积分数)。焊接设备:NBG—400。

②焊前清理。清除机加工毛刺。清除板孔及沿板孔正、反表面20mm范围内,及钢管倒角一端内、外表面30mm范围内的油、锈、水等污物,直至呈现金属光泽。

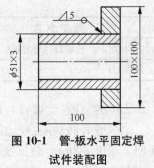

图 10-1　管-板水平固定焊试件装配图

③装配。试件装配如图10-1所示。

④定位焊。定位焊一处,焊缝长度 $15\sim20mm$;要求焊透,并控制焊脚不得过高;定位焊工艺参数:焊接电流 $120\sim140A$,电弧电压 $21\sim23V$,CO_2 气体流量 $12\sim14L/min$;定位焊后钢管与板应相互垂直。

二、焊接参数

水平固定焊一周,焊脚尺寸 $K=5^{+2}_{0}mm$。焊接参数见表10-1。

表 10-1　管-板水平固定焊焊接参数

焊接电流 /A	电弧电压 /V	CO_2 气体流量/L/min	焊丝伸出长度/mm
$120\sim150$	$21\sim23$	$13\sim15$	$13\sim18$

三、操作方法

将管-板试件固定到焊接架上,要保证钢管轴线处于水平位置,并使定位焊缝避开"时针 6 点"位置。定位焊缝可放在"时针 1 点"至"时针 2 点"或"时针 10 点"至"时针 11 点"之间。采用单面单道焊。焊接分两个半圈进行,如图 10-2 所示。

　　调整好焊接参数,从图 10-2 中的 A 点起焊,沿①线路逆时针方向进行焊接,焊枪角度如图 10-3 所示。当焊至"时针 3 点"位置时断弧(可不必填满弧坑),但断弧后焊枪不得移开,仍保持通气保护,此时焊工要迅速改变身体位置,移到便于操作的地方,并在"时针 3 点"处继续引弧,仍按逆时针方向由"时针 3 点"焊至 B 点收弧。此时,前半圈焊缝完成。

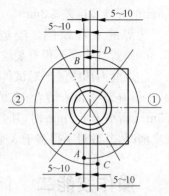

图 10-2　起焊和止焊位置示意图
①—前半圈焊接　②—后半圈焊接
A,C—起焊点　B,D—止焊点

　　将 A 处和 B 处焊缝磨成斜面,并清除两处附近 20mm 范围内的氧化物。从 C 点处引弧,沿顺时针方向焊接,焊至"时针 9 点"处断弧,焊枪仍不移开,焊工应迅速移动位置,并在"时针 9 点"处重新引弧,沿顺时针方向一直焊至 D 点处收弧。此时,整圈焊缝焊完。在焊接过程中要注意定位焊处的原焊点应充分熔化,保证完全焊透,接头过渡应平整,并填满弧坑。

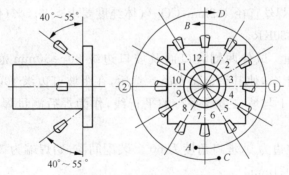

图 10-3　水平固定焊焊枪角度图
①—前半圈从 A 点沿逆时针方向焊至 B 点
②—后半圈从 C 点沿顺时针方向焊至 D 点

　　焊缝也允许采用两层两道焊接。如果采用两层两道焊,可按上述操作要领和程序焊第二遍。在焊第二层前,要用钢丝刷清理干净第一层焊缝表面的氧化物,并将试件夹紧处松开,沿逆时针方向转 180°后再装上夹具。第一层焊接时,焊接速度要快,保证焊脚尺寸较小,而根部充分焊透,焊枪不摆动;第二层焊接时,允许焊枪摆动,但不允许出现咬边,要保证两侧熔合好,并使焊脚尺寸符合要求。

四、质量要求

①焊缝外形尺寸。焊脚尺寸 $K = 5_0^{+2}$ mm,焊缝余高 0～4mm,焊缝余高差≤3mm,焊缝宽度差≤3mm。

②焊缝表面缺陷。咬边深度≤0.5mm,焊缝两侧咬边总长度不超过15.8mm;焊缝表面不得有裂纹、未熔合、夹渣、气孔、焊瘤和未焊透。

③焊缝内部质量。对试件进行金相检查,用目视或 5 倍放大镜观察金相试块,不得有裂纹和未熔合;孔或夹渣最大不得超过 1.5mm;当气孔或夹渣大于0.5mm 而小于 1.5mm 时,其数量不多于 1 个;当只有小于或等于 0.5mm 的气孔或夹渣时,其数量不得多于 3 个。

操作技能二 低碳钢板或低合金钢板对接立位 CO_2 焊单面焊双面成形(厚度 $t \geqslant 6$mm)

一、焊前准备

①材料准备。试件:材料为 5A 或 20 钢,规格(长×宽×厚)300mm×125mm×12mm;用剪板机或气割下料,然后用刨床加工成 V 形 30°坡口;气割下料的试件,其坡口边缘的热影响区焊前应该刨去。焊接材料:焊丝型号 ER49—1(H08Mn2SiA),焊丝直径 1.2mm,CO_2 气体纯度要求＞99.5%(体积分数)。焊接设备:NBC—350KR。

②焊前处理。试件两侧坡口面及坡口边缘 20～30mm 范围以内的油、污、锈、垢清除干净,使其呈金属光泽。然后,在距坡口边缘 100mm 处的试件表面,用划针划上与坡口边缘平行的平行线,作为焊后测量焊坡口每侧增宽的基准线。

③装配。钝边为 0,坡口角度为 60°。装配间隙:始焊端为 3mm,终焊端为3.5mm,错边量≤1mm。

④定位焊。定位焊位置在试件背面的两端处,定位焊采用与正式焊接相同的焊接材料及工艺参数。定位焊缝的焊接质量要求与正式焊缝一样。

⑤反变形。在试件定位焊时,应将试件的变形角,向相反的方向做 2°～3°的反变形角。

二、焊接参数

采用立向上焊法,三层三道,其焊枪角度如图10-4 所示。焊接参数见表10-2。

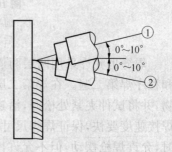

图 10-4 低碳钢板对接立焊焊枪角度

表 10-2 低碳钢板对接立焊焊接参数

焊道位置	焊丝直径 /mm	伸出长度 /mm	焊接电流 /A	焊接电压 /V	气体流量 /L/min
打底焊	1.2	15~20	90~100	18~19	10~15
填充焊	1.2	15~20	130~140	20~21	10~15
盖面焊	1.2	15~20	130~140	20~21	10~15

三、操作方法

1. 打底焊

①引弧。首先调试好焊接参数,然后在试件下端定位焊缝上侧约 15~20mm 处引燃电弧。将电弧快速移至定位焊缝上,停留 1~2s 后开始作锯齿形摆动,当电弧越过定位焊的上端并形成熔孔后,转入连续向上的正常焊接。

②单面焊双面成形。打底焊是单面焊双面成形的关键。由于熔孔的大小决定背面焊缝的宽度和余高,要求焊接过程中控制熔孔直径比间隙大 1~2 mm,并保持一致,如图 10-5 所示。焊接过程中仔细观察熔孔大小,并根据间隙和熔孔直径的变化、试件温度的变化及时调整焊枪角度、摆动幅度和焊接速度,尽可能地保持熔孔直径不变。

③焊枪角度和摆动方式。为了防止熔池金属在重力的作用下下淌,除了采用较小的焊接电流外,正确的焊枪角度和摆动方式也很关键。焊接过程中应始终保持焊枪角度在与试件表面垂直线上下 10°的范围内,如图 10-5 所示。焊工要改变习惯性将焊枪指向上方的操作方法,这种不正确的操作方法会减小熔深,影响焊透。

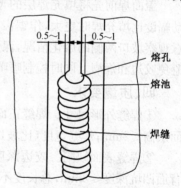

图 10-5 立焊时熔孔的控制

焊接时要注意摆幅与摆动波纹间距的匹配。小摆幅和月牙形大摆幅可以保证焊道成形好,而下凹的月牙形摆动则会造成焊道下坠,如图 10-6 所示。采用小摆幅时由于热量集中,要防止焊道过分凸起;为防止熔池金属下淌,摆动时在焊道中间要稍快;为防止咬边,在坡口两侧稍作停留。焊接过程中,注意观察坡口面的熔合情况,依靠焊枪的摆动,使电弧在坡口两侧的停留保证坡口面熔化,并与熔池边缘熔合在一起。

2. 填充焊

填充焊前先将打底层的飞溅和焊渣清理干净,凸起的地方打平。填充焊时,焊枪的横向摆动较打底焊时稍大,在控制两侧坡口熔合的同时,焊枪从坡口一侧摆到另一侧的速度要稍快,防止焊道凸起。电弧在两侧坡口要有一定的停留,保

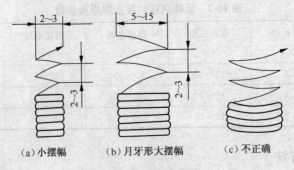

（a）小摆幅　　　（b）月牙形大摆幅　　　（c）不正确

图 10-6　立焊焊枪摆动方式

证一定的熔深,使焊道平整并有一定的下凹。填充焊时焊道的高度低于坡口约 1.5～2mm,不能熔化坡口两侧的棱边,以便盖面时能够看清坡口,为盖面焊打好基础。

3. 盖面焊

盖面焊前先将填充焊层的飞溅和焊渣清理干净,凸起的地方磨平。焊枪的摆动幅度比填充焊时更大,作锯齿形摆动时应注意幅度一致,速度均匀上升。并注意观察坡口两侧的熔化情况,保证熔池的边缘超过坡口两侧的棱边不大于 2mm,避免咬边和焊瘤。同时控制喷嘴的高度和收弧,避免出现弧坑裂纹和产生气孔。

四、质量要求

①焊缝外形尺寸。焊缝正面余高 0～4mm,焊缝正面余高差≤3mm,焊缝背面余高≤2mm;焊缝宽度(比坡口)每侧增宽 0.5～2.0mm,宽度差≤3 mm。

②焊缝表面缺陷。咬边深度≤0.5mm,焊缝两侧咬边总长度不超过 30mm;背面凹坑深度≤2mm,总长度不超过 30mm;焊缝表面不得有裂纹、未熔合、夹渣、气孔、焊瘤和未焊透。

③试件变形。试件焊后变形角度≤3°,错边量≤2mm。

④焊缝内部质量。焊缝经 JB4730—1994《压力容器无损检测》标准检测,射线透照质量不低于 AB 级,焊缝缺陷等级不低于 Ⅱ 级。

操作技能三　低碳钢板或低合金钢板对接横位 CO_2 焊单面焊双面成形(厚度 $t \geqslant 6mm$)

一、焊前准备

①材料准备。试件:Q235A 或 20 钢,规格(长×宽×厚)300mm×125mm×12mm;用剪板机或气割下料,然后用刨床加工成 V 形 30°坡口;气割下料的试件,其坡口边缘的热影响区焊前应该刨去。焊接材料:焊丝型号 ER49—1

(H08Mn2SiA)，焊丝直径 1.2mm，CO_2 气体纯度要求＞99.5%（体积分数）。焊接设备：NBC—350KR。

②焊前清理。试件两侧坡口面及坡口边缘 20～30mm 范围以内的油、污、锈、垢清除干净，使其呈金属光泽。然后，在距坡口边缘 100mm 处的试件表面，用划针划上与坡口边缘平行的平行线，作为焊后测量焊坡口每侧增宽的基准线。

③装配。钝边为 0，坡口角度为 60°。装配间隙：始焊端为 3mm，终焊端为 4mm，错边量≤1mm。

④定位焊。定位焊位置在试件背面的两端处，定位焊采用与正式焊接相同的焊接材料及工艺参数。定位焊缝的焊接质量要求与正式焊缝一样。

⑤反变形。在试件定位焊时，应将试件的变形角向相反的方向做 6°～8°的反变形角。

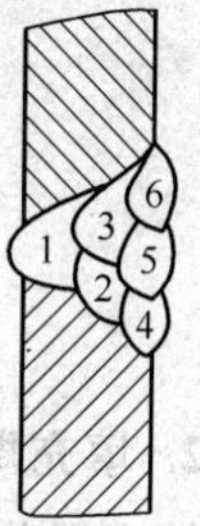

二、焊接参数

采用左焊法，三层六道，焊道分布如图 10-7 所示，按照图中 1 至 6 的顺序进行焊接。焊接参数见表 10-3。

图 10-7　低碳钢板对接横焊焊道分布

表 10-3　低碳钢板对接横焊焊接参数

焊道位置	焊丝直径/mm	伸出长度/mm	焊接电流/A	焊接电压/V	气体流量/L/min
打底焊	1.2	20～25	90～100	18～20	10～15
填充焊	1.2	20～25	130～140	20～22	10～15
盖面焊	1.2	20～25	130～140	20～22	10～15

三、操作方法

施焊前将试件垂直固定，并使焊缝处于水平位置，将间隙小的一端放在右侧。

1. 打底焊

①引弧。首先调试好焊接参数，然后在试件右端定位焊缝左侧 15～20mm 处引燃电弧，快速移至试件右端起焊点，当坡口底部形成熔孔后，开始向左焊接。打底焊焊枪做小幅度锯齿形横向摆动，并连续向左移动，焊枪角度如图 10-8 所示。

②单面焊双面成形。由于熔孔的大小决定背面焊缝的宽度和余高，要求焊接过程中控制熔孔直径比间隙大 1～2mm，并保持一致，如图 10-9 所示。焊接过程中仔细观察熔孔大小，并根据间隙和熔孔直径的变化、试件温度的变化情况及时调整焊枪角度、摆动幅度和焊接速度，尽可能地维持熔孔直径不变。

焊接过程中注意观察坡口面的熔合情况。控制焊枪的角度及摆动、电弧在坡口两侧的停留时间，避免下坡口熔化过多，造成背面焊道出现下坠或产生焊瘤。

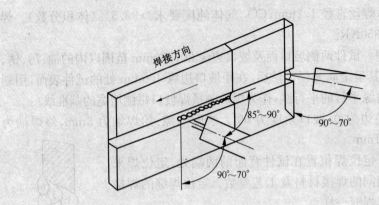

图 10-8 横焊位打底焊时焊枪角度

2. 填充焊

填充焊前先将打底焊层的飞溅和焊渣清理干净,凸起的地方打平。

填充焊时,焊枪的对准方向及角度如图 10-10 所示。焊接焊道 2 时,焊枪指向第一层焊道的下趾端部,形成 0°～10°的俯角,采用直线式焊法;焊接焊道 3 时,焊枪指向第一层焊道的上趾端部,形成 0°～10°的仰角,以第一层焊道的上趾处为中心做横向摆动,注意避免形成凸形焊道和咬边。

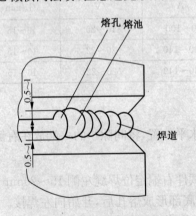

图 10-9 横焊时熔孔的控制

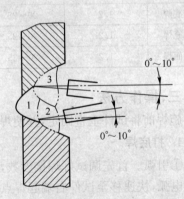

图 10-10 横焊位填充焊焊枪位置及角度

填充焊时焊道的高度应低于母材约 0.5～2mm,距上坡口约 0.5mm,距下坡口约 2mm。注意一定不能熔化坡口两侧的棱边,以便盖面时能够看清坡口,为盖面焊打好基础。

3. 盖面焊

焊前先将填充焊层的飞溅和焊渣清理干净,凸起的地方磨平。盖面焊时焊枪

的对准方向及角度如图 10-11 所示。盖面焊共三道,依次从下往上焊接。摆动时
注意幅度一致,速度均匀。每条焊道要
压住前一焊道约 2/3。焊接焊道 4 时,
要特别注意坡口下侧的熔化情况,保证
坡口下沿边缘的均匀溶化,避免咬边和
未熔合。焊接焊道 5 时,控制熔池的下
沿边缘在盖面焊道 4 的 1/2～2/3 处。
焊接焊道 6 时,特别要注意调整焊接速
度和焊枪的角度,保证坡口上沿边缘均
匀地熔化,避免熔化金属下淌而产生
咬边。

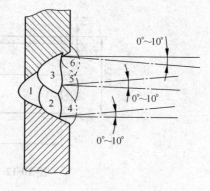

图 10-11　横焊位盖面焊焊枪位置及角度

四、质量要求

① 焊缝外形尺寸。焊缝余高
0～4mm,焊缝余高差≤3mm;焊缝宽度(比坡口)每侧增宽 0.5～2.0mm,宽度差
≤3mm。

② 焊缝表面缺陷。咬边深度≤0.5mm,焊缝两侧咬边总长度不超过 30mm;
背面凹坑深度≤2mm,总长度小于 30mm;焊缝表面不得有裂纹、未熔合、夹渣、气
孔、焊瘤和未焊透。

③ 试件变形。试件(试板)焊后变形角度≤3°,错边量≤2mm。

④ 焊缝内部质量。焊缝经 JB4730—1994《压力容器无损检测》标准检测,射
线透照质量不低于 AB 级,焊缝缺陷等级不低于 Ⅱ 级。

操作技能四　低碳钢管或低合金钢管对接水平固定
CO_2 焊单面焊双面成形(管径 $\phi \geqslant 76\text{mm}$)

一、焊前准备

① 材料准备。试件:Q235A 或 20 钢,ϕ133mm×10mm,两件;管件备料如图
10-12 所示;气割下料的试件,其坡口边缘的热影响区焊前应该刨去。试件材料:
焊丝型号 ER49—1(H08Mn2SiA),焊丝直径 1.2mm,CO_2 气体纯度要求
＞99.5%(体积分数)。焊接设备:NBC—350KR。

② 焊前清理。清除管端毛刺,并清理坡口及坡口表面附近 20mm 区域内的油、
锈及水分等污物,使其呈现金属光泽。焊前清理干净焊丝表面的油、锈等污物。

③ 装配。管与管水平对接装时,应保证装配齐平,保证同轴,如图 10-13 所
示。装配间隙为 1.5～2.5mm。

④ 定位焊。定位焊位置在"时针 3 点、9 点、12 点"三处,间隙最小处应当位于

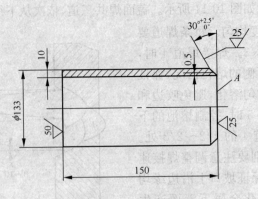

图 10-12 管件备料图

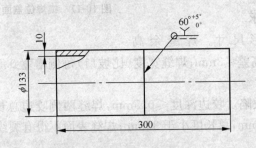

图 10-13 管件装配图

"时针 6 点"位置。定位焊长度为每处 15~20mm,要求焊透,且无缺陷。定位焊工艺参数:焊接电流 110~130A,电弧电压 20~22V,气体流量 11~13L/min。定位焊错边量≤1.0mm。

二、焊接参数

采用三层三道焊接,焊接参数见表 10-4。

表 10-4 管件对接水平固定 CO_2 焊焊接参数

焊接层次	焊接电流 /A	电弧电压 /V	气体流量 /L/min	焊丝伸出长度 /mm
打底层	110~130	18~20	11~13	11~13
填充层	120~140	20~22	12~14	13~15
盖面层	130~160	22~24	12~15	15~18

三、操作方法

1. 打底焊

调整好打底层焊接参数。将试件水平固定在焊接支架上,此时应注意在"时针6点"位置应无定位焊缝,且间隙最小。在"时针 6 点"位置之前 8～10mm 的 A 处引弧起焊,如图 10-14 所示。引弧后应仔细进行仰焊操作。当电弧引燃后,不要停在原处,要使焊枪沿坡口两侧做小幅度横向摆动,使电弧在离底边约 3～4mm 处燃烧,当起焊处坡口底部熔孔直径出现,说明已焊透,应转入正常焊接。

正常焊接后从 A 点逆时针方向,由仰焊转到立焊,又由立焊转入上爬焊,最后从上爬焊到水平焊,焊至 B 点收弧,这样完成前半圈焊接。焊接过程中焊枪的角度如图 10-15 所示。

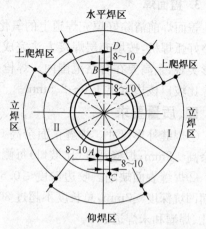

图 10-14　打底焊时起焊、终焊位置示意图

Ⅰ—前半圈焊接　Ⅱ—后半圈焊接

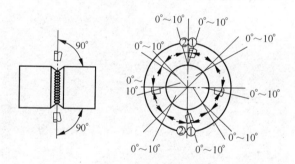

图 10-15　管件对接水平固定焊焊枪角度

将 A、B 处焊缝打磨成斜面,以利于后半圈焊接时,起弧与收弧的首尾焊道圆滑连接,保证充分焊透。在 C 处再次引弧,沿顺时针方向进行后半圈焊接,直至 D 点位置。这样打底焊一圈焊接全部完成。

2. 填充焊

填充焊前清除打底焊道上的氧化物及焊瘤,调整好填充焊层的焊接参数。在"时针 6 点"前 8～10mm 处引弧,沿逆时针方向先焊前半圈。焊枪操作角度仍如图 10-15 所示。焊枪做锯齿形往复摆动,摆动幅度应稍大些,并在坡口两侧适当停留,以保证熔合良好。焊道表面下凹,并应低于母材表面2～3mm,不允许熔化坡口两侧棱边。

前半圈焊完后,将起焊处和收弧处打磨成斜面,并清除起、收弧端15～20mm范围内焊缝上的氧化物,以同样的步骤和方法沿顺时针方向完成后半圈填充焊缝,焊接时要保证焊道始端和末端接头良好。

3. 盖面焊

盖面焊前清除好填充焊道上的氧化物及局部上凸焊缝,并按盖面层焊接参数调整好弧焊机,按填充层焊接方法完成盖面层焊接。焊接速度要均匀,保证焊道外形美观,余高要在合格范围内。焊枪摆动幅度可比填充焊时大些,以保证熔池边缘比坡口棱边宽出 1.0～2.5mm。

四、质量要求

①焊缝外形尺寸。焊缝正面余高 0～4mm,焊缝正面余高差≤3mm,焊缝背面余高≤2mm;焊缝宽度(比坡口)每侧增宽 1～2.5mm,宽度差≤3mm。

②焊缝表面缺陷。咬边深度≤0.5mm,焊缝两侧咬边总长度不超过 30mm;背面凹坑深度≤2mm,总长度不超过 30mm;焊缝表面不得有裂纹、未熔合、夹渣、气孔、焊瘤和未焊透。

③试件变形。试件焊后变形角度≤3°,错边量≤2mm。

④焊缝内部质量:焊缝经 JB4730—1994《压力容器无损检测》标准检测,射线透照质量不低于 AB 级,焊缝缺陷等级不低于Ⅱ级。

附录 1
初级焊工熔化极气体保护焊知识模拟试卷

一、判断题(对画√,错画×,第1~20题,每题1分,共20分)

1. 二氧化碳气体保护焊时,必须采取防止母材和焊丝中的合金元素烧损的措施。 （　　）

2. CO_2 焊接按不同的焊丝直径可分为细丝 CO_2 焊及粗丝 CO_2 焊,由于粗丝 CO_2 焊的工艺比较成熟,应用最为广泛。 （　　）

3. 焊接时使用 CO_2 和其他气体混合的气体作为保护气体的称为混合气体保护焊(MAG焊)。 （　　）

4. 金属飞溅是 CO_2 焊的固有特点,也是 CO_2 焊的最主要的缺点。 （　　）

5. 二氧化碳气体保护焊为明弧操作,且不需要操作者加强焊接防护。 （　　）

6. 二氧化碳气体保护焊主要用于焊接低碳钢和低合金钢等黑色金属。 （　　）

7. 二氧化碳气体保护焊采用直流电源,也可用交流电源进行焊接。 （　　）

8. 熔化极气体保护焊焊枪的基本作用是导电、导丝和导气。 （　　）

9. NBC—350型弧焊机是自动焊二氧化碳气体保护弧焊机。 （　　）

10. CO_2 半自动焊枪导丝管不属于易损件,没必要经常更换。 （　　）

11. 干冰汽化所得的 CO_2 含水量很高,不适合焊接使用。 （　　）

12. CO_2 焊焊丝应采用专用焊丝,不能随意替代。 （　　）

13. 反极性接法:也叫直流反接,是电源的正输出端接在焊件上,而负输出端接在导电嘴上。 （　　）

14. 氩气是一种惰性气体,既不与金属起化学反应,也不溶解于液体金属。 （　　）

15. "MAG"焊采用的保护气体为 Ar(氩)或 Ar+He(氦)。 （　　）

16. "MIG"焊生产效率比"TIG"焊高,焊接变形比"TIG"焊小。 （　　）

17. "MIG"焊特别适合焊接碳钢、低合金钢等黑色金属。 （　　）

18. "MAG"焊适用于碳钢、低合金钢和不锈钢的焊接,适合于全位置焊接。 （　　）

19. 由于熔化极氩弧焊对焊丝及工件的油锈不很敏感,焊前可不必严格去除。 （　　）

20. 对于低碳钢来说熔化极氩弧焊是一种相对昂贵的焊接方法。 （　　）

二、选择题(将正确答案的序号填入括号内,第1~80题,共80分)

1. CO_2 焊是一种（　　）的焊接方法。

A. 非熔化极活性气体保护焊　　　　B. 熔化极活性气体保护焊

C. 熔化极惰性气体保护焊　　　　　D. 非熔化极惰性气体保护焊

2. 细丝 CO_2 焊焊丝直径（　　）。

A. ≤1.2 mm　　　B. ≤1.6 mm　　　C. ≤1 mm　　　D. ≤0.8 mm

3. 焊接时使用 CO_2 和其他气体混合的气体作为保护气体的称为混合气体保护焊，简称（　　）。

A. MIG 焊　　　　B. TIG 焊　　　　C. TIA 焊　　　　D. MAG 焊

4. 二氧化碳气体保护焊（　　）含量较高的焊丝进行焊接。

A. 必须采用含 Si 和 Mn　　　　B. 不应采用含 Si 和 Mn

C. 可以采用含 Si 和 Mn　　　　D. 不必采用含 Si 和 Mn

5. CO_2 气体保护焊焊缝含（　　）量低，抗裂性好。

A. 二氧化碳　　　B. 氢　　　　C. 氮　　　　D. 一氧化氮

6. 二氧化碳气体保护焊主要用于焊接（　　）。

A. 不锈钢　　　　　　　　　B. 铝和铝合金

C. 低碳钢和低合金钢等黑色金属　　D. 有色金属

7. 二氧化碳气体气体保护弧焊机为（　　）焊机。

A. 交流　　　　　　　　　　B. 直流

C. 交、直流两用　　　　　　D. 晶闸管整流式弧焊机

8. （　　）焊枪只适合使用 ϕ0.8mm 以下的焊丝。

A. 推丝式　　　B. 推拉式　　　C. 鹅颈式　　　D. 拉丝式

9. 二氧化碳气瓶表面颜色为银白色（　　）。

A. 银白色　　　B. 银灰色　　　C. 天蓝色　　　D. 铝白色

10. CO_2 气瓶灌装时，并不将气瓶装满。只能装到（　　），不然将影响 CO_2 液体的汽化。

A. 60%　　　　B. 70%　　　　C. 90%　　　　D. 80%

11. 瓶装 CO_2 气体使用时，不能将气体全部用光，要保留（　　）压力的残余气体，大约为 10L。

A. 5kPa　　　　B. 8kPa　　　　C. 10kPa　　　　D. 12kPa

12. CO_2 气瓶不能在烈日下曝晒，也不能在热源边烘烤，气瓶必须距热源和实际焊割作业点距离足够远，一般要求大于（　　）。否则，气瓶有爆破的危险。

A. 10m　　　　B. 5m　　　　C. 15m　　　　D. 20m

13. CO_2 气瓶采用电预热器时，电压应低于（　　）。

A. 12V　　　　B. 60V　　　　C. 24V　　　　D. 36V

14. 干冰汽化所得的 CO_2 含水量很高。不适合焊接使用。所以在 CO_2 弧焊机的供气气路里，设置（　　），进行干燥处理。

A. 干燥器　　　　　B. 预热器　　　　　C. 流量计　　　　　D. 电磁气阀

15. 由于气压越低,水气的挥发量越多,则 CO_2 的含水量就越高。使用中的 CO_2 气瓶,当压力降到(　　)时,不应再继续使用。

A. 0.098MPa　　　B. 9.8MPa　　　C. 0.98MPa　　　D. 98MPa

16. CO_2 电弧的强烈(　　)使熔池金属的合金元素烧损, CO_2 焊焊丝中含有被电弧烧损的合金元素,补偿被电弧烧损的合金元素,使焊后焊缝的机械性能达到要求。

A. 还原作用　　　B. 氧化作用　　　C. 分解作用　　　D. 化合作用

17. 常用的 H08Mn2SiA CO_2 实芯焊丝中 Mn2 表示(　　)。

A. 含 Mn(锰)量约为 20%　　　　　B. 含 Mn(锰)量约为 0.02%

C. 含 Mn(锰)量约为 0.2%　　　　　D. 含 Mn(锰)量约为 2%

18. 常用的 H08Mn2SiA CO_2 实芯焊丝中 08 表示(　　)。

A. 焊丝的碳含量为 0.08%　　　　　B. 焊丝的碳含量为 0.8%

C. 焊丝的碳含量为 8%　　　　　　D. 焊丝的锰含量为 0.08%

19. CO_2 焊焊接薄板或中厚板的立、横、仰焊缝时,多采用直径(　　)及以下的焊丝。

A. 2mm　　　　　B. 1.2mm　　　　　C. 1.6mm　　　　　D. 0.8mm

20. CO_2 焊单纯调整、增大(　　)时,会得到深而窄的不良焊缝,甚至会产生气孔缺陷。

A. 焊接电流　　　B. 焊丝直径　　　C. 焊接速度　　　D. 焊枪前倾

21. CO_2 焊细丝小电流短路过渡时,气体流量在(　　)之间。

A. 0～5L/min　　B. 5～15L/min　　C. 15～20L/min　　D. ≥20L/min

22. CO_2 焊电弧电压反映了电弧长度,电弧电压过高,实际上弧长就过大,焊枪喷嘴到焊件之间距过大, CO_2 气体的保护效果变差,极易出现(　　)。

A. 夹渣　　　　　B. 烧穿　　　　　C. 气孔　　　　　D. 未焊透

23. 根据生产经验, CO_2 焊合适的焊丝干伸长度为焊丝直径的十倍左右,一般在(　　)范围内。

A. 5～15mm　　　B. 0～5mm　　　C. 15～20mm　　　D. ≥20mm

24. 一般 CO_2 焊都采用(　　)的接法。

A. 焊枪导电嘴接电源负极　　　　　B. 工件接电源正极

C. 正极性　　　　　　　　　　　　D. 反极性

25. CO_2 焊产生的气孔可能有三类:(　　)。

A. 氢气孔、二氧化碳气孔和氮气　　　B. 氢气孔、一氧化碳气孔和氮气孔

C. 氢气孔、一氧化氮气孔和氮气孔　　D. 氢气孔、一氧化氮气孔和氮气孔

26. 夹渣在(　　) CO_2 焊中比较容易产生。

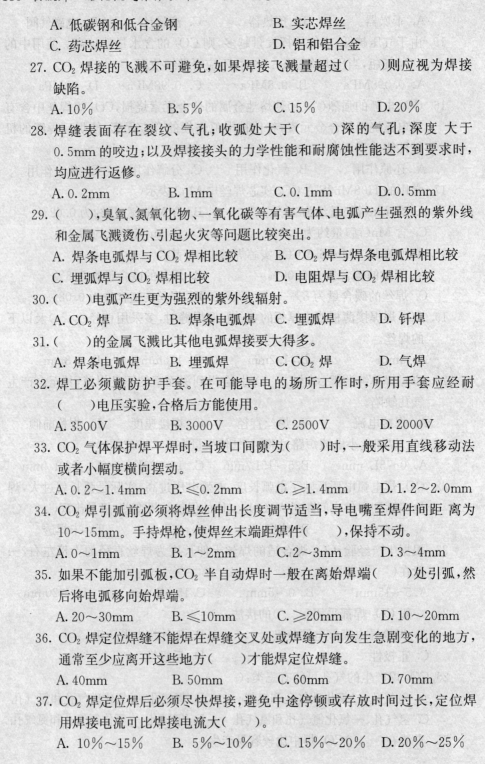

A. 低碳钢和低合金钢   B. 实芯焊丝

C. 药芯焊丝   D. 铝和铝合金

27. CO_2 焊接的飞溅不可避免,如果焊接飞溅量超过( )则应视为焊接缺陷。

 A. 10% B. 5% C. 15% D. 20%

28. 焊缝表面存在裂纹、气孔;收弧处大于( )深的气孔;深度大于 0.5mm 的咬边;以及焊接接头的力学性能和耐腐蚀性能达不到要求时,均应进行返修。

 A. 0.2mm B. 1mm C. 0.1mm D. 0.5mm

29. ( ),臭氧、氮氧化物、一氧化碳等有害气体、电弧产生强烈的紫外线和金属飞溅烫伤、引起火灾等问题比较突出。

 A. 焊条电弧焊与 CO_2 焊相比较 B. CO_2 焊与焊条电弧焊相比较

 C. 埋弧焊与 CO_2 焊相比较 D. 电阻焊与 CO_2 焊相比较

30. ( )电弧产生更为强烈的紫外线辐射。

 A. CO_2 焊 B. 焊条电弧焊 C. 埋弧焊 D. 钎焊

31. ( )的金属飞溅比其他电弧焊接要大得多。

 A. 焊条电弧焊 B. 埋弧焊 C. CO_2 焊 D. 气焊

32. 焊工必须戴防护手套。在可能导电的场所工作时,所用手套应经耐( )电压实验,合格后方能使用。

 A. 3500V B. 3000V C. 2500V D. 2000V

33. CO_2 气体保护焊平焊时,当坡口间隙为( )时,一般采用直线移动法或者小幅度横向摆动。

 A. 0.2~1.4mm B. ≤0.2mm C. ≥1.4mm D. 1.2~2.0mm

34. CO_2 焊引弧前必须将焊丝伸出长度调节适当,导电嘴至焊件间距离为 10~15mm。手持焊枪,使焊丝末端距焊件( ),保持不动。

 A. 0~1mm B. 1~2mm C. 2~3mm D. 3~4mm

35. 如果不能加引弧板,CO_2 半自动焊时一般在离始焊端( )处引弧,然后将电弧移向始焊端。

 A. 20~30mm B. ≤10mm C. ≥20mm D. 10~20mm

36. CO_2 焊定位焊缝不能焊在焊缝交叉处或焊缝方向发生急剧变化的地方,通常至少应离开这些地方( )才能焊定位焊缝。

 A. 40mm B. 50mm C. 60mm D. 70mm

37. CO_2 焊定位焊后必须尽快焊接,避免中途停顿或存放时间过长,定位焊用焊接电流可比焊接电流大( )。

 A. 10%~15% B. 5%~10% C. 15%~20% D. 20%~25%

38. CO_2 双面平焊时,只要每面施焊焊缝的熔深 h 能保证达到焊件板厚 t 的（　　）即可。

　　A. 50%～60%　　　　B. ≤60%　　　　C. 60%～70%　　　D. ≥70%

39. CO_2 半自动向下立焊法主要适用于（　　）的细丝短路过渡 CO_2 焊。

　　A. 厚板（板厚大于 8mm）　　　　　B. 薄板（板厚小于 8mm）

　　C. 厚板（板厚大于 6mm）　　　　　D. 薄板（板厚小于 6mm）

40. CO_2 半自动向上立焊法主要适合于中、厚板的焊接。为了防止熔池金属流淌,一般采用（　　）的焊丝进行短路过渡焊接。

　　A. 1mm　　　　　　B. 1.2mm　　　　　C. 1.4mm　　　　D. 1.6mm

41. CO_2 半自动向上立焊时,一般采用（　　）的方式运枪。

　　A. 小幅摆动,左右均匀摆动,快速上移

　　B. 直线移动

　　C. 向下弯的月牙形摆动

　　D. 大幅摆动,左右均匀摆动,快速上移

42. CO_2 半自动厚板的多层多道焊打底焊时,如果坡口间隙为（　　）,则采用直线移动法运枪,尽量焊成等焊脚焊道。

　　A. 0.5mm 以下　　B. 5～8 mm　　　C. 5mm 以下　　　D. 大于 8mm

43. CO_2 半自动厚板的多层多道焊横焊,填充层一般采用每层多道,应（　　）。

　　A. 先焊接两侧焊道,再焊接中间焊道

　　B. 先焊接中间焊道,再焊接两侧焊道

　　C. 先焊接上侧焊道,再焊接下侧焊道

　　D. 先焊接下侧焊道,再焊接上侧焊道

44. 通常二氧化碳半自动仰焊也采用细丝短路过渡法进行焊接,焊丝直径均小于（　　）。

　　A. 0.8mm　　　　　B. 1mm　　　　　　C. 1.2mm　　　　　D. 2mm

45. 填充焊的最后一层焊缝表面应距离工件表面（　　）,但不要将坡口棱边熔化。

　　A. 1～1.5mm　　　B. 1.5～2mm　　　C. 2～2.5mm　　D. 2.5mm

46. CO_2 角接平焊单层单道焊,为了使焊缝的焊脚尺寸保持一致,要求焊接电流应小于（　　）。

　　A. 200A　　　　　　B. 250A　　　　　C. 300A　　　　　D. 350A

47. CO_2 角接平焊当焊脚尺寸大于（　　）时,应采用多层焊。

　　A. 5mm　　　　　　B. 8mm　　　　　　C. 10mm　　　　　D. 12mm

48. 在低碳钢板或低合金钢板角接接头或 T 形接头 CO_2 平角焊焊前清理时,将坡口和靠近坡口上、下两侧（　　）内的钢板上的油、锈、水分及其他污物打磨干净,直至露出金属光泽。

  A. 15~20mm B. 10~15mm C. 20~25mm D. 25~30mm

49. 低碳钢板或低合金钢板的 CO_2 对接平焊单面焊双面成形打底焊时,尽可能地维持熔孔的直径不变,熔孔直径应比间隙( )。

  A. 大 1.5mm B. 小于 0.5mm C. 大 0.5~1mm D. 小于 1mm

50. 低碳钢板或低合金钢板 CO_2 对接平焊要求焊件(试板)焊后变形角度( )。

  A. ≤2° B. ≤3° C. ≤4° D. ≤5°

51. 低碳钢板或低合金钢板 CO_2 对接平焊要求焊件(试板)焊后错边量( )。

  A. ≤0.5mm B. ≤1mm C. ≤1.5mm D. ≤2mm

52. 熔化极氩弧焊特别适于( )的焊接。

  A. 铝及铝合金、钛及钛合金、铜及铜合金以及不锈钢、耐热钢

  B. 铝及铝合金以及不锈钢

  C. 钛及钛合金、铜及铜合金以及耐热钢

  D. 低碳钢和低合金钢

53. 熔化极氩弧焊( )。

  A. 对焊丝及工件的油锈不敏感,焊前可不去除

  B. 对焊丝及工件的油锈敏感,焊前应去除

  C. 对焊丝及工件的油锈很敏感,焊前必须严格去除

  D. 对焊丝及工件的油锈不敏感,焊前不必严格去除

54. 熔化极氩弧焊可以获得( )较低的焊缝金属。

  A. 含碳量 B. 含氢量 C. 含氮量 D. 含一氧化碳量

55. 熔化极氩弧焊机均采用( )。

  A. 交流电源 B. 电弧焊电源 C. 交、直流两用 D. 直流电源

56. 电弧焊机型号 NBA—400 表示( )。

  A. 自动熔化极氩弧焊机,额定焊接电流 400A

  B. 半自动熔化极氩弧焊机,额定焊接电流 400A

  C. 半自动 CO_2 弧焊机,额定焊接电流 400A

  D. 自动 CO_2 弧焊机,额定焊接电流 400A

57. 氩气瓶外面涂( )并标明"氩气"字样,避免与其他气瓶混用。

  A. 白色 B. 蓝色 C. 灰色 D. 黑色

58. 在熔化极氩弧焊供气系统中,电磁气阀装在控制箱内,一般是接入( )的交流电,由延时继电器控制。

  A. 36V B. 220V C. 60V D. 24V

59. 熔化极氩弧焊枪水冷系统,一般许用电流大于(　　)的焊枪为水冷式。
    A. 250A　　　　　　B. 100A　　　　　　C. 150A　　　　　　D. 200A

60. 氩气的纯度对焊接质量影响非常大,按我国现行规定,氩气的纯度应达到(　　)。
    A. 99.9%　　　　　B. 99.99%　　　　　C. 99.%　　　　　D. 99.95%

61. 焊接用的纯氩装在钢瓶内,在20℃时,满瓶压力为(　　)。
    A. 15MPa　　　　　B. 12MPa　　　　　C. 10MPa　　　　　D. 5MPa

62. 熔化极氩弧焊通常采用(　　),这种接法的优点是,熔滴过渡稳定,熔透能力大且阴极雾化效应大。
    A. 导电嘴接负极　　B. 焊件接正极　　C. 直流正接　　D. 直流反接

63. 熔化极氩弧焊焊接电压过低(电弧过短),(　　)。
    A. 会产生飞溅　　　　　　　　B. 会产生气孔
    C. 会使电弧短接或熄弧　　　　D. 会产生气孔和飞溅

64. 熔化极氩弧焊通常喷嘴直径为20mm左右时,保护气体流量在(　　)之间。
    A. 10~30L/min　　　　　　　B. 30~60L/min
    C. 60~70L/min　　　　　　　D. ≥70L/min

65. 熔化极氩弧焊焊接不锈钢时,焊缝的表面颜色为金黄色或银色保护效果(　　)。
    A. 不好　　　　　　B. 一般　　　　　　C. 好　　　　　　D. 最好

66. 熔化极脉冲氩弧焊可以用较小的平均电流值而获得(　　)。
    A. 喷射过渡　　　　B. 短路过渡　　　　C. 粗粒过渡　　　　D. 颗粒过渡

67. 熔化极脉冲氩弧焊有利于实现(　　)。
    A. 平焊　　　　　　B. 仰焊　　　　　　C. 全位置焊接　　D. 横焊

68. 在熔化极氩弧焊产生的有毒气体中最突出的是(　　)。
    A. 臭氧　　　　　　B. 一氧化碳　　　　C. 氮氧化物　　　　D. 二氧化碳

69. 半自动熔化极氩弧焊一般都采用(　　)。
    A. 站姿施焊　　　　B. 坐姿施焊　　　　C. 右焊法　　　　D. 左焊法

70. 熔化极氩弧焊时,焊枪端部摆动到坡口两侧要停留(　　)左右。
    A. 0.5s　　　　　　B. 0.2s　　　　　　C. 1s　　　　　　D. 1.5s

71. 熔化极氩弧焊由下向上立焊焊接,一般多用于(　　)。
    A. 薄板的粗丝焊接　　　　　　　　B. 薄板的细丝焊接
    C. 中、厚板的细丝焊接　　　　　　D. 中、厚板的粗丝焊接

72. 低碳钢和低合金钢熔化极氩弧焊应采用熔化极氧化性富氩混合气体保护焊即(　　)。
    A. TIG 焊　　　　　B. MAG 焊　　　　　C. MIG 焊　　　　D. CO_2 焊

73. 低碳钢及低合金钢的熔化极氩弧焊由于采用氧化性富氩混合气体,所以

对于工件表面的锈、油污等污物（　　）。

    A. 不太敏感   B. 敏感   C. 非常敏感   D. 不敏感

74. 低碳钢及低合金钢的熔化极富氩混合气体保护焊对于重要的焊缝,仍应将坡口边缘及附近（　　）范围内的锈、油污清理干净。

    A. 10mm   B. 15mm   C. 20mm   D. 25mm

75. 熔化极氧化性富氩混合气体保护焊短路过渡比（　　）短路过渡更稳定,飞溅更小。

    A. 电弧焊   B. MIG 焊   C. MAG 焊   D. CO_2 焊

76. 熔化极氧化性富氩混合气体保护焊采用喷射过渡进行焊接时,喷射过渡临界电流值会随着 O_2 或 CO_2 气体含量的（　　）。

    A. 增大而减小   B. 增大而增大   C. 减小而增大   D. 改变而改变

77. 低碳钢及低合金钢的熔化极氩弧焊一般采用（　　）混合气体。

    A. $Ar+20\%CO_2$ B. $He+20\%CO_2$ C. $Ar+20\%O_2$ D. $Ar+20\%He$

78. 半自动熔化极氩弧焊平角焊,当焊脚尺寸大于 5mm 时,需将焊枪水平偏移（　　）。

    A. 0～0.5mm   B. 0.5～1mm   C. 1～1.5mm   D. 1～2mm

79. 熔化极氧化性富氩混合气体保护焊焊丝很细时应使用（　　）焊枪。

    A. 推拉丝式   B. 拉丝式   C. 推丝式   D. 半自动式

80. （　　）工艺既可用于焊接薄板,也可用于焊接中厚板,特别适合全位置焊接,而且具有焊缝成形好,焊接质量高的特点。

    A. 脉冲喷射过渡 B. 脉冲短路过渡 C. 射流过渡   D. 短路过渡

答案:

一、1.（√）　2.（×）　3.（√）　4.（√）　5.（×）　6.（√）　7.（×）　8.（√）
9.（×）　10.（×）　11.（√）　12.（√）　13.（×）　14.（√）　15.（×）　16.（√）
17.（×）　18.（√）　19.（×）　20.（√）

二、1. B　2. A　3. D　4. A　5. B　6. C　7. B　8. D　9. A　10. D　11. C
12. B　13. D　14. A　15. C　16. B　17. D　18. A　19. C　20. A　21. B　22. C
23. A　24. D　25. D　26. C　27. A　28. D　29. D　30. A　31. C　32. B　33. A
34. C　35. D　36. B　37. A　38. C　39. D　40. C　41. A　42. C　43. D　44. C
45. C　46. C　47. D　48. C　49. C　50. B　51. D　52. C　53. C　54. B　55. D
56. B　57. C　58. A　59. C　60. B　61. A　62. B　63. C　64. C　65. D　66. A
67. C　68. C　69. D　70. B　71. C　72. C　73. A　74. C　75. D　76. B　77. A
78. D　79. B　80. A

附录 2
中级焊工熔化极气体保护焊知识模拟试卷

一、判断题(对画√,错画×,第 1～20 题,每题 1 分,共 20 分)

1. 二氧化碳气体保护焊是活性气体保护焊,会使合金元素氧化烧损,同时成为产生气孔及飞溅的主要原因。   (   )

2. CO_2 焊可获得高质量的焊缝,不必采取有效的脱氧措施。   (   )

3. CO_2 焊通常采用硅锰钢焊丝,如 H08Mn2SiA。   (   )

4. CO_2 在常温下呈中性,但高温时可分解,使电弧气氛中具有强烈的氧化性。   (   )

5. 电弧电压越低,短路过渡时电弧越稳定。   (   )

6. 当颗粒过渡的熔滴较大时,飞溅较多,焊缝成形不好,焊接过程很不稳定,没有应用价值。   (   )

7. CO_2 焊的射流过渡从明弧转变成潜弧是在粗焊丝、大焊接电流和高电弧电压的条件下发生的。   (   )

8. 细小熔滴脱离焊丝,沿着焊丝中轴线,迅速地通过电弧而落入熔池的过程称为射流过渡。射流过渡又称喷射过渡。   (   )

9. CO_2 焊接过程中,可能产生的气孔主要有氢气孔和氮气孔。   (   )

10. CO_2 焊接对焊件表面的油污、铁锈及水分敏感。   (   )

11. CO_2 焊产生氮气孔的主要原因就是 CO_2 气罩的保护受到破坏,大量空气侵入焊接区所致。   (   )

12. CO_2 焊焊丝伸出长度应尽可能缩短。   (   )

13. 采用药芯焊丝 CO_2 焊并不能有效地降低焊接飞溅。   (   )

14. 在 CO_2 气体中加入一定量的氩气后,随着氩气比例的增加,焊接飞溅逐渐减小。   (   )

15. CO_2 焊的两种极性接法飞溅率的差别很大,正接法飞溅小,反接法飞溅大。   (   )

16. 滴状过渡当熔滴直径比焊丝直径大时,飞溅较大,焊接过程不稳定,熔化极氩弧焊一般不采用。   (   )

17. 熔化极氩弧焊生产中应用最广泛的是短路过渡。   (   )

18. 采用纯氩或富氩混合气体保护焊,对于钢焊丝来说,电流较小时为滴状过渡,当电流增大到一定值时,就会出现射滴过渡及射流过渡   (   )

19. 由短路过渡向喷射过渡转变的最小电流称为喷射过渡的临界电流。
                                                              (   )

20. 为了得到稳定且熔滴尺寸细小的熔滴过渡,熔化极氩弧焊通常采用直流反接(工件接负极)。 （　　）

二、选择题(将正确答案的序号填入括号内,第1～80题,共80分)

1. 二氧化碳气体保护焊产生气孔及飞溅的主要原因是(　　)。
   A. CO_2 在常温下分解
   B. CO_2 高温时可分解
   C. 锰和硅氧化
   D. 采用硅锰钢焊丝

2. 二氧化碳气体保护焊会使合金元素氧化烧损的原因是(　　)。
   A. 电弧气氛中具有强烈的氧化性
   B. 采用硅锰钢焊丝
   C. 采用普通焊丝
   D. 钢中的碳、Fe铁会被氧化

3. CO_2 焊要获得高质量的焊缝,必须(　　)。
   A. 焊前预热
   B. 对电弧进行气体保护
   C. 焊前认真清理
   D. 采取有效的脱氧措施

4. CO_2 气体在电弧高温作用下分解为(　　)。
   A. 一氧化碳和氧
   B. 碳和氧气
   C. 一氧化碳和氧气
   D. 一氧化碳气体

5. 二氧化碳气体保护焊时,钢铁中所含的合金元素如(　　)都会被氧化。
   A. Si、(硅)Mn(锰)
   B. Si、(硅)Mn(锰)和C(碳)及Fe(铁)
   C. C(碳)及Fe(铁)
   D. Mn(锰)和Fe(铁)

6. 以下正确的是(　　)。
   A. CO溶于金属,与金属发生反应
   B. CO不溶于金属,但可与金属发生反应
   C. CO不溶于金属,也不与金属发生反应
   D. CO溶于金属,也不与金属发生反应

7. CO_2 焊短路过渡时电弧稳定,飞溅小,焊缝成形好,被广泛用于(　　)。
   A. 厚板结构件的焊接
   B. 薄板和空间位置的焊接
   C. 中、厚板的焊接
   D. 有色金属的焊接

8. CO_2 焊短路过渡时为了获得最高的短路频率,要选择最合适的电弧电压,对于直径为 0.8～1.2mm 的焊丝,该值是(　　)左右。
   A. 50V
   B. 40V
   C. 30V
   D. 20V

9. 当 CO_2 焊采用短路过渡形式焊接时,由于电弧不断地发生短路,可听见(　　)。
   A. 均匀的"啪啪"声
   B. 均匀的"嘶嘶"声
   C. 不均匀的"啪啪"声
   D. 偶尔的"啪啪"声

10. 当 CO_2 焊采用(　　)时,会使焊丝突然爆断,产生严重的飞溅。
    A. 喷射过渡电弧电压较低
    B. 颗粒过渡焊接电流较大

C. 短路过渡焊接电流较低   D. 短路过渡电弧电压太低

11. CO_2 焊射流过渡的熔滴直径约为焊丝直径的(　　)。
    A. 一倍   B. 1/4   C. 一半   D. 3/4

12. CO_2 焊只要能正确地选择焊丝,就可避免产生(　　)气孔。
    A. 氢   B. 一氧化碳   C. 氮气孔   D. 一氧化氮

13. CO_2 焊电弧区域的氢气来自(　　)。
    A. 焊丝、焊件表面的油污、铁锈及 CO_2 不纯含有的水分
    B. 焊丝表面的油污、铁锈
    C. 焊件表面的油污、铁锈
    D. CO_2 不纯含有的水分

14. CO_2 焊接对焊件表面的油污、铁锈及水分(　　),具有较强的抗锈和抗潮能力。
    A. 不敏感   B. 敏感   C. 非常敏感   D. 比较敏感

15. CO_2 焊在其他条件完全相同的条件下,(　　)时焊接的焊缝含氢量明显降低。
    A. 焊件接正极   B. 直流正接   C. 直流反接   D. 焊丝接负极

16. CO_2 焊产生氮气孔的主要原因是(　　)。
    A. 瓶装的 CO_2 气体不纯,含有杂质 N_2 的成分
    B. 大量空气侵入焊接区
    C. CO_2 不纯含有的水分
    D. 焊件表面的油污、铁锈

17. (　　)是 CO_2 焊最主要的缺点。
    A. 力学性能降低   B. 合金元素烧损   C. 气孔   D. 焊接飞溅

18. CO_2 焊以直径 1.2mm 的焊丝为例,当焊接电流(　　)时,焊接飞溅率都较小,否则焊接飞溅率较大。
    A. 小于 150A 或大于 300A   B. 大于 150A 或小于 300A
    C. 小于 100A 或大于 200A   D. 大于 100A 或小于 200A

19. CO_2 焊焊丝干伸长度变长,焊接飞溅严重程度(　　)。
    A. 发生改变   B. 变小   C. 变大   D. 不发生改变

20. 实芯焊丝 CO_2 焊在保证接头力学性能的前提下,尽量降低(　　),可有效降低焊接飞溅。
    A. 碳含量   B. 锰含量   C. 硅含量   D. 钛含量

21. CO_2 焊当焊枪垂直于焊件焊接时,焊接飞溅量最少,倾斜角度越大,飞溅越多。焊接时,焊枪的倾斜角度最好不要超过(　　)。
    A. 15°   B. 20°   C. 25°   D. 30°

22. 熔化极气体保护焊包括 CO_2 焊和熔化极氩弧焊的电弧静特性曲线是（　　）。

A. 水平和上升的　　B. 水平的　　　　C. 上升的　　　　D. 下降和水平的

23. 在 CO_2 焊工艺实施过程中,电弧电压与电弧长度保持着（　　）。

A. 近似的正比关系　　　　　　　　B. 近似的反比关系

C. 近似的等比关系　　　　　　　　D. 近似的等差关系

24. CO_2 半自动焊保证电弧燃烧稳定,送丝机构向电弧的送丝速度应（　　）焊丝在电弧中的熔化速度。

A. 不等于　　　　B. 小于　　　　C. 大于　　　　D. 等于

25. CO_2 半自动焊电源的空载电压（　　）。

A. 稍低于电弧电压　　　　　　　　B. 稍高于电弧电压

C. 为电弧电压的 2 倍　　　　　　　D. 为电弧电压的 3 倍

26. 细丝 CO_2 焊等速送丝采用（　　）电弧最稳定。

A. 下降外特性电源　　　　　　　　B. 陡降外特性电源

C. 平硬外特性电源　　　　　　　　D. 水平外特性电源

27. 最新发展更新换代的 CO_2 焊弧焊电源是（　　）。

A. 逆变器式直流弧焊电源　　　　　B. 晶闸管整流式弧焊电源

C. 抽头式硅整流弧焊电源　　　　　D. 饱和电抗器式硅整流弧焊电源

28. CO_2 焊接时,送丝机的起动必须达到（　　）的程序要求。

A. "先送气、再送丝、后送电"　　　　B. "先送丝、再送气、后送电"

C. "先送电、再送气、后送丝"　　　　D. "先送气、再送电、后送丝"

29. CO_2 焊停止焊接时,送丝电机应按（　　）的程序要求进行。

A. "先停电、再停焊丝,最后停气"　　B. "先停焊丝、再停电,最后停气"

C. "先停焊丝、再停气,最后停电"　　D. "先停气、再停电,最后停焊丝"

30. 焊丝直径小于等于 1.0mm 的细丝 CO_2 半自动焊的焊接引弧前要求 CO_2 气体（　　）开始送气。

A. 提前 $1\sim2s$　　B. 滞后 $1\sim2s$　　C. 提前 $2\sim3s$　　D. 滞后 $2\sim3s$

31. 焊丝直径小于等于 1.0mm 的细丝 CO_2 半自动焊要求 CO_2 气体应滞后于电流和送丝速度中止的（　　）再关闭气阀。

A. $0\sim1s$　　B. $1\sim2s$　　C. $2\sim3s$　　D. $3\sim4s$

32. CO_2 焊时保护气体 CO_2 的（　　）对焊缝的致密性和塑性和焊缝的质量有很大的影响。

A. 密度　　　　B. 纯度　　　　C. 温度　　　　D. 浓度

33. CO_2 中（　　）的含量一般较少,对焊接的影响可以忽略。

A. 氮　　　　B. 水　　　　C. 氢　　　　D. 氧

34. CO_2 保护气体含水量低于液态 CO_2 重量的(   )时,焊缝塑性好,不易出现气孔。

    A. 0.5%   B. 0.05%   C. 0.005%   D. 0.0005%

35. 药芯焊丝 CO_2 气体保护焊受到(   )的保护。

    A. 药芯和 CO_2 气体   B. 药芯和熔渣

    C. CO_2 气体   D. CO_2 气体和熔渣

36. (   )可以在焊接过程中不必清渣而直接进行多层多道焊接。

    A. 钙型渣系药芯焊丝   B. 金属粉型药芯焊丝

    C. 钛型渣系药芯焊丝   D. 钛钙型渣系的药芯焊丝

37. 药芯焊丝 CO_2 气体保护焊,(   )。

    A. 直流、交流焊接电源均可以使用   B. 仅能使用直流焊接电源

    C. 仅能使用交流焊接电源   D. 仅能使用直流正接电源

38. 药芯焊丝 CO_2 气体保护焊使用(   )送丝机。

    A. 专门的药芯焊丝   B. 普通的焊丝

    C. 实芯的焊丝   D. CO_2 焊焊丝

39. 药芯焊丝 CO_2 气体保护焊主要用于低碳钢、中碳钢、低合金钢、(   )的焊接。

    A. 有色金属   B. 低温钢和铝合金

    C. 低温钢和不锈钢   D. 铝合金和不锈钢

40. 药芯焊丝 CO_2 气体保护焊焊接钢材时是代替(   )实现机械化和半机械化最有前途的焊接方法。

    A. 熔化极氩弧焊   B. 电渣焊   C. 埋弧焊   D. 焊条电弧焊

41. 药芯焊丝二氧化碳气体保护焊通常采用直流平特性电源,并采用(   )。

    A. 直流正接   B. 直流反接   C. 焊件接正极   D. 焊丝接负极

42. 平焊位置药芯焊丝 CO_2 气体保护焊时,焊枪与被焊件平面夹角应大于(   )。

    A. 85°   B. 75°   C. 65°   D. 55°

43. CO_2 焊当焊接环境风速超过(   )时,要采取防风措施。

    A. 4m/s   B. 3m/s   C. 2m/s   D. 1m/s

44. CO_2 焊的飞溅是焊接过程的产物,无法根除。最佳的焊接飞溅值能控制在(   )。

    A. 10%之内   B. 5%以上   C. 5%～10%   D. 4%～5%

45. 射线探伤(RT)对于母材厚度在200mm以下的工件,用(   )透视检查裂纹、未焊透、气孔和夹渣等焊接缺陷。

A. β射线　　　　B. γ射线　　　　C. X射线　　　　D. 高能X射线

46. 超声波探伤较射线探伤具有较高的灵敏度,尤其对(　　)更为灵敏,并具有探伤周期短、成本低、安全等优点。

A. 咬边　　　　B. 裂纹　　　　C. 弧坑　　　　D. 夹杂物

47. CO_2 焊单面焊双面成形采用(　　)焊法。

A. 连续灭弧　　B. 间歇灭弧　　C. 间歇击穿　　D. 连续击穿

48. CO_2 焊单面焊双面成形时,(　　)是单面焊双面成形关键。

A. 盖面焊　　　B. 打底焊　　　C. 填充焊　　　D. 接头焊

49. CO_2 焊单面焊双面成形打底焊时,(　　)是保证焊接质量的关键。

A. 焊枪与焊件的角度　　　　　　B. 焊件的空间位置
C. 焊枪与焊件的纵向角度　　　　D. 焊枪与焊件的横向角度

50. CO_2 焊单面焊双面成形打底焊时,焊丝伸出长度一般选择焊丝直径的(　　)倍为宜。

A. 1　　　　　B. 5　　　　　C. 10　　　　　D. 2

51. CO_2 焊单面焊双面成形打底焊时,当选用 $\phi1.2mm$ 焊丝时,打底焊缝焊接电流为(　　)较合适。

A. 0～50A　　B. 50～100A　　C. 100～150A　　D. 150～200A

52. CO_2 焊如果在焊接过程中需要改变身体位置而熄弧,熄弧后焊枪不能立即移开,等(　　)方可移开焊枪。

A. 切断焊接电源后　　　　　　B. 送气结后
C. 熔池凝固后　　　　　　　　D. 送气结束、熔池凝固后

53. 大直径管的水平固定 CO_2 焊在仰焊位焊接时,为了防止熔池温度过高,焊缝下坠,只要将根部每侧熔化(　　)就可以了。

A. 0.5mm　　B. 1mm　　　C. 1.5mm　　　D. 2mm

54. 熔化极氩弧焊由于焊丝细,许用电流大,电流密度也大,同时气流对弧柱起着强烈的压缩和冷却作用,故一般都用电弧静特性曲线的(　　)。

A. 陡降区段　　B. 水平区段　　C. 上升区段　　D. 下降区段

55. 熔化极氩弧焊在采用细丝小电流以及小电压进行焊接时,其过渡形式为(　　),适用于薄板、全位置焊接。

A. 滴状过渡　　B. 短路过渡　　C. 喷射过渡　　D. 射流过渡

56. (　　)熔化极氩弧焊喷射过渡时,焊丝金属以较明显的分离熔滴形式和较高的加速度沿焊丝轴向射向熔池。

A. 低碳钢　　　B. 低合金钢　　C. 不锈钢　　　D. 铝及铝合金

57. 氩气瓶与焊接地点不应靠得太近,氩气瓶与热源距离应大于(　　),并应直立固定放置,不得倒放。

A. 10m   B. 5m   C. 15m   D. 25

58. 每季度由( )人员用压缩空气为氩弧焊机除尘一次,同时注意检查机内有无紧固件松动现象,如有立即排除。

A. 技术人员   B. 维修人员   C. 专业维修人员   D. 焊工

59. 熔化极氧化性富氩混合气体保护焊可采用( )进行焊接。

A. 短路过渡、喷射过渡和脉冲喷射过渡

B. 短路过渡、颗粒过渡和喷射过渡

C. 短路过渡、喷射过渡和射流过渡

D. 颗粒过渡、喷射过渡和脉冲喷射过渡

60. 熔化极氧化性富氩混合气体保护电弧焊尤其适用于( )的焊接。

A. 碳钢、合金钢和铝合金等金属材料

B. 碳钢、合金钢和不锈钢等有色金属材料

C. 碳钢、合金钢和不锈钢等黑色金属材料

D. 铝及铝合金和不锈钢等金属材料

61. 采用 $Ar+CO_2+O_2$ 混合气体作为保护气体焊接低碳钢、低合金钢与氩气加二氧化碳气体($Ar+CO_2$)相比较,焊缝成形、接头质量、金属熔滴过渡和电弧稳定性( )。

A. 要差   B. 要好   C. 相同   D. 不同

62. 熔化极气体保护焊焊接钢材时,双层气流保护采用( ),可以大幅度降低成本。

A. 内层氩气保护电弧区,外层 CO_2 气体保护熔池

B. 内层氩气保护电弧区,外层氩气气体保护熔池

C. 内层 CO_2 保护电弧区,外层 CO_2 气体保护熔池

D. 内层 CO_2 保护电弧区,外层氩气气体保护熔池

63. 窄间隙熔化极氩弧焊是焊接厚板的一种高效率、高质量焊接技术。其主要特征是采用通常的( )电弧焊方法。

A. 焊条   B. 半自动   C. 手动   D. 自动

64. 焊工资格检查包括焊工资格证件的有效期和焊工资格证件( )。

A. 考试合格的日期   B. 考试合格的成绩

C. 考试合格的项目   D. 考试题目的内容

65. 试板焊接检验指试板按正式焊件的( )焊接,并按工艺文件所要求的内容进行检验。

A. 焊接尺寸   B. 焊接参数   C. 焊接方法   D. 焊接要求

66. 焊缝力学性能检验主要通过( )等试验方法进行检验。

A. 拉伸、弯曲、冲击和硬度   B. 挤压、弯曲、冲击和硬度

    C. 拉伸、剪切、冲击和硬度   D. 拉伸、弯曲、冲击和剪切

67. ( )不锈钢是目前工业上应用最广的不锈钢。

    A. 珠光体   B. 马氏体   C. 奥氏体   D. 铁素体

68. 焊接性受( )四个因素的影响。

    A. 材料、焊接方法、构件类型及使用要求

    B. 材料、焊接方法、构件形状及使用要求

    C. 材料、焊接工艺、构件类型及使用要求

    D. 材料、焊接条件、构件类型及使用要求

69. 在影响焊接性的四个因素中,( )是主要的影响因素。

    A. 焊接方法   B. 构件类型

    C. 使用要求   D. 材料的种类及其化学成分

70. 奥氏体不锈钢当焊接工艺制订不当时也会出现( )。

    A. 焊接热裂纹、焊接接头腐蚀和焊接接头脆化问题

    B. 焊接冷裂纹、焊接接头腐蚀和焊接接头脆化问题

    C. 焊接热裂纹、焊接晶间腐蚀和焊接应力腐蚀问题

    D. 焊接热裂纹、焊接接头腐蚀和接头高温脆化问题

71. 焊接奥氏体不锈钢时选用( )的工艺方法,可避免过热,提高抗裂性。

    A. 大功率焊接参数和冷却速度快   B. 小功率焊接参数和冷却速度慢

    C. 小功率焊接参数和冷却速度快   D. 大功率焊接参数和冷却速度慢

72. 不锈钢的熔化极气体保护焊一般采用( )焊。

    A. MIG   B. MAG   C. TIG   D. TAG

73. 熔化极氩弧焊主要焊接厚度在( )以上的不锈钢。

    A. 1.5mm   B. 1mm   C. 0.5mm   D. 2mm

74. 不锈钢的熔化极氩弧焊短路过渡工艺通常选用直径为( )的焊丝。

    A. 1.2mm 以上   B. 1.2~2.4mm   C. 0.6~1.2mm   D. 2.4mm 以下

75. 不锈钢的熔化极氩弧焊喷射过渡工艺通常选用直径为( )焊丝。

    A. 2.4mm 以下   B. 1.2mm 以上   C. 0.6~1.2mm   D. 1.2~2.4mm

76. 铝及铝合金从常温加热到熔化状态时,没有( )的变化。

    A. 形状   B. 颜色   C. 体积   D. 温度

77. 由于铝( ),当用直流电焊接时,电弧不会有偏吹。因此,它可以用作焊接挡板和夹具。

    A. 无磁性   B. 导热快   C. 密度小   D. 耐腐蚀

78. 铝及铝合金熔化极氩弧焊(MIG 焊)不用熔剂来去除妨碍熔化的氧化铝薄膜,是利用焊件金属为( )时的电弧作用。

    A. 电极   B. 导体   C. 正极   D. 负极

79. ( )焊是铝及铝合金焊接的一种极其重要的方法。
    A. MAG   B. MIG   C. TIG   D. TAG
80. 铝及其合金的熔化极氩弧焊通常选择氩气或氩气＋氦气混合气体作保护气体。当板厚小于( )时,采用纯氩气。
    A. 25mm   B. 20mm   C. 15mm   D. 10mm

答案:

一、1. (√) 2. (×) 3. (√) 4. (√) 5. (×) 6. (√)7. (×)8. (√)9. (×)10. (×)11. (√)12. (√)13. (×)14. (√)15. (×)16. (√)17. (×)18. (√)19. (×)20. (√)

二、1. B 2. A 3. D 4. A 5. B 6. C 7. B 8. D 9. A 10. D 11. C 12. B 13. A 14. A 15. C 16. B 17. D 18. A 19. C 20. A 21. B 22. C 23. A 24. D 25. B 26. C 27. A 28. D 29. B 30. A 31. C 32. B 33. A 34. C 35. D 36. B 37. A 38. A 39. C 40. D 41. C 42. A 43. C 44. D 45. C 46. B 47. D 48. B 49. A 50. C 51. B 52. D 53. A 54. C 55. B 56. D 57. B 58. C 59. A 60. C 61. B 62. A 63. D 64. C 65. B 66. A 67. C 68. A 69. D 70. A 71. C 72. B 73. A 74. C 75. D 76. B 77. A 78. D 79. B 80. A

附录 3
焊工国家职业技能标准(摘要)

(2009 年修订)

1. 职业概括

1.1 职业名称

焊工。

1.2 职业定义

操作焊接和气割设备,进行金属工件的焊接或切割成型的人员(焊工包括手工焊工和焊接操作工。手工焊工是指用手操持焊钳、焊枪、焊炬进行焊接的人员;焊接操作工是指从事机械化焊接和自动化焊接的操作人员)。

1.3 职业等级

本职业共设五个等级,分别为:初级(国家职业资格五级)、中级(国家职业资格四级)、高级(国家职业资格三级)、技师(国家职业资格二级)、高级技师(国家职业资格一级)。

1.4 职业环境

室内、外及高空作业且大部分在常温下工作(个别地区除外),施工中会产生一定的光辐射、烟尘、有害气体和环境噪声。

1.5 职业能力特征

具有一定的学习理解和表达能力;手指、手臂灵活,动作协调;视力良好,具有分辨颜色色调和浓淡的能力。

1.6 基本文化程度

初中毕业。

1.7 培训要求

1.7.1 培训期限

全日制职业学校教育,根据其培养目标和教学计划确定。晋级培训期限:初级不少于 280 标准学时;中级不少于 320 标准学时;高级不少于 240 标准学时;技师不少于 180 标准学时;高级技师不少于 200 标准学时。

1.8 鉴定要求

1.8.1 适用对象

从事或准备从事本职业的人员。

1.8.2 申报条件

——初级(具备以下条件之一者)

(1)经本职业初级正规培训达规定标准学时数,并取得结业证书。

(2)在本职业连续见习工作 2 年以上。

(3)本职业学徒期满。

——中级(具备以下条件之一者)

(1)取得本职业初级职业资格证书后,连续从事本职业工作 3 年以上,经本职业中级正规培训达规定标准学时数,并取得结业证书。

(2)取得本职业初级职业资格证书后,连续从事本职业工作 5 年以上。

(3)连续从事本职业工作 7 年以上。

(4)取得经人力资源和社会保障行政部门审核认定的、以中级技能为培养目标的中等以上职业学校本职业(专业)毕业证书。

——高级(具备以下条件之一者)

(1)取得本职业中级职业资格证书后,连续从事本职业工作 4 年以上,经本职业高级正规培训达规定标准学时数,并取得结业证书。

(2)取得本职业中级职业资格证书后,连续从事本职业工作 6 年以上。

(3)取得高级技工学校或经人力资源和社会保障行政部门审核认定的、以高级技能为培养目标的高等职业学校本职业(专业)毕业证书。

(4)取得本职业中级职业资格证书的大专以上本专或相关专业毕业生,连续从事本职业工作 2 年以上。

1.8.3 鉴定方式

分为理论知识考试和技能操作考核。理论知识考试采取闭卷笔试等方式,技能操作考核采取现场实际操作、模拟和口试等方式。理论知识考试和技能操作考核均实行百分制,成绩皆达 60 分以上者为合格。技师和高级技师还须进行综合评审。

2. 基 本 要 求

2.2 基础知识

2.2.1 识图知识

(1)制图常识。

(2)投影的基本原理。

(3)常用零部件的画法及代号标注。

(4)简单装配图的识读知识。

(5)焊接装配图的识读知识。

(6)焊缝符号和焊接方法代号的表示方法。

2.2.2　化学基本知识

(1)化学元素符号。

(2)原子结构。

(3)离子。

(4)分子。

(5)化学反应。

2.2.3　常用金属材料与金属热处理知识

(1)常用金属材料的物理、化学和力学性能。

(2)碳素结构钢、合金钢、铸铁、有色金属的分类、成分、性能和用途。

(3)金属晶体结构的一般知识。

(4)合金的组织结构及铁碳合金的基本组织。

(5)Fe-C 相图及应用。

(6)钢的热处理知识。

2.2.4　焊接基础知识

(1)焊接方法的分类。

(2)常用焊接方法的基本原理。

(3)焊接工艺技术要领。

(4)焊接接头种类、坡口形式及坡口尺寸。

(5)焊接变形及反变形的相关知识。

(6)焊接缺陷的分类、定义、形成原因及防止措施。

(7)焊缝外观质量的检验与验收。

(8)无损检测方法、特点及选用,以及法规、标准中有关无损检测方面的规定。

(9)焊接工艺文件。

(10)焊接生产安全与卫生。

2.2.5　焊接材料知识

(1)药皮的作用及类型,焊条的分类、使用及保管要求。

(2)焊剂的作用、分类和保管。

(3)焊丝的分类与选用。

(4)焊接气体与选用。

(5)焊接材料的选用原则。

2.2.6 电工基本知识

(1)直流电与电磁的基本知识。

(2)交流电基本概念。

(3)变压器的结构和基本工作原理。

(4)电流表和电压表的使用方法。

2.2.7 电焊机基本知识

(1)电焊机的基本原理。

(2)电焊机的种类及型号。

(3)电焊机的铭牌号

(4)电焊机的选择、应用和日常维护常识。

2.2.8 安全卫生和环境保护知识

(1)安全用电知识。

(2)焊接环境保护及安全操作规程。

(3)焊接劳动保护知识。

3. 工 作 要 求

本标准对初级、中级、高级、技师和高级技师的技能要求依次递进,高级别涵盖低级别的要求。

3.1 初级(职业功能一至九项任选其一进行考核)

职业功能	工作要求	技能要求	相关知识
二、熔化极气体保护焊	(一)低碳钢板或低合金钢板的角接和T形接头熔化极气体保护焊	1. 能进行钢板角接或T形接头熔化极气体保护焊所用设备、工具、夹具的安全检查 2. 能进行钢板角接或T形接头熔化极气体保护焊焊件的清理、组对及定位焊 3. 能选择符合钢板角接或T形接头焊接工艺要求的焊接材料 4. 能进行钢板角接或T形接头熔化极气体保护焊的引弧、收弧、送丝 5. 能焊出符合钢板角接或T形接头焊接工艺文件要求的角焊缝 6. 能根据工艺文件对钢板角接或T形接头熔化极气体保护焊焊缝的外观质量进行自检	1. 角接和T形接头熔化极气体保护焊所用工具、夹具安全检查方法 2. 熔化极气体保护焊安全操作规程 3. 角接和T形接头熔化极气体保护焊工艺 4. 角接和T形接头熔化极气体保护焊引弧、收弧、送丝和定位焊 5. 角接和T形接头熔化极气体保护焊的焊枪摆动方式 6. 角接和T形接头熔化极气体保护焊焊接参数对焊缝成形的影响

续表 3.1

职业功能	工作要求	技能要求	相关知识
二、熔化极气体保护焊	(二)低碳钢板或低合金钢板平位对接的熔化极气体保护焊(双面焊或背部加衬垫)	1. 能进行钢板平位对接熔化极气体保护焊所用设备、工具、夹具的安全检查 2. 能进行钢板平位对接熔化极气体保护焊件的清理、组对及定位焊 3. 能在钢板平位对接熔化极气体保护焊前预留焊件的反变形 4. 能选择符合钢板平位对接熔化极气体保护焊工艺要求的焊接材料 5. 能进行钢板平位对接熔化极气体保护焊的引弧、收弧、焊接 6. 能根据工艺文件对钢板平位对接熔化极气体保护焊焊缝外观质量进行自检	1. 钢板平位对接熔化极气体保护焊所用工具、夹具安全检查方法 2. 钢板平位对接熔化极气体保护焊工艺 3. 钢板平位对接熔化极气体保护焊引弧、收弧、送丝和定位焊的操作要领 4. 钢板平位对接熔化极气体保护焊的焊枪摆动方式和送丝速度 5. 钢板平位对接熔化极气体保护焊焊接参数对焊缝成形的影响 6. 熔化极气体保护焊用焊接衬垫的种类及作用 7. 钢板平位对接熔化极气体保护焊焊接变形的基本知识 8. 钢板平位对接熔化极气体保护焊焊缝表面缺陷的基本知识

3.2 中级(职业功能一至六项任选其二进行考核)

职业功能	工作内容	技能要求	相关知识
二、熔化极气体保护焊	(一)厚度 $t=8\sim12mm$ 低碳钢板或低合金钢板横位或立位对接的熔化极气体保护焊(单面焊双面成型)	1. 能选择符合低碳钢板或低合金钢板横位或立位对接要求的二氧化碳气体保护焊焊丝 2. 能根据图样制备厚度 $t=8\sim12mm$ 钢板对接横焊或立焊的坡口 3. 能根据焊接工艺文件选择厚度 $t=8\sim12mm$ 钢板横位或立位对接的焊接参数 4. 能选择二氧化碳气体保护焊左向焊和右向焊 5. 能焊接符合透度要求的打底道,中间焊道及清理,以及成型良好的盖面焊缝 6. 能根据工艺文件对中等厚度低碳钢板或低合金钢板焊缝外观质量进行自检	1. 厚度 $t=8\sim12mm$ 低碳钢板或低合金钢板横位或立位对接的熔化极气体保护焊熔滴过渡的类型及影响因素 2. 厚度 $t=8\sim12mm$ 低碳钢板或低合金钢板横位或立位对接的熔化极气体保护焊坡口制备原则 3. 厚度 $t=8\sim12mm$ 低碳钢板或低合金钢板横位或立位对接的熔化极气体保护焊焊接参数选择原则 4. 厚度 $t=8\sim12mm$ 低碳钢板或低合金钢板横位或立位对接熔化极气体保护焊左向焊和右向焊的特点 5. 厚度 $t=8\sim12mm$ 低碳钢板或低合金钢板横位或立位对接焊枪的操作要领 6. 厚度 $t=8\sim12mm$ 低碳钢板或低合金钢板横位或立位对接焊接接头质量检查的知识

续表 3.2

职业功能	工作内容	技能要求	相关知识
	（二）管径 $\phi=76\sim168mm$ 低碳钢管或低合金钢管对接水平固定和垂直固定的二氧化碳气体保护焊	1. 能选择符合管径 $\phi=76\sim168mm$ 低碳钢管或低合金钢管的对接工艺要求的二氧化碳气体保护焊焊丝 2. 能根据图样制备管径 $\phi=76\sim168mm$ 低碳钢管或低合金钢管的对接二氧化碳气体保护焊的坡口 3. 能根据焊接工艺文件选择管径 $\phi=76\sim168mm$ 低碳钢管或低合金钢管水平固定和垂直固定的二氧化碳气体保护焊的定位焊位置 4. 能根据工艺文件选择管径 $\phi=76\sim168mm$ 低碳钢管或低合金钢管水平固定和垂直固定的焊接参数 5. 能根据管径 $\phi=76\sim168mm$ 低碳钢管或低合金钢管焊接位置方向的变化调整焊枪角度 6. 能焊接符合透度要求的管径 $\phi=76\sim168mm$ 管对接打底焊道，中间焊道及清理以及成型良好的盖面焊缝 7. 能根据工艺文件对管径 $\phi=76\sim168mm$ 低碳钢或低合金钢管水平固定和垂直固定焊缝外观质量进行自检	1. 管径 $\phi=76\sim168mm$ 低碳钢管或低合金钢管的对接水平固定和垂直固定二氧化碳气体保护焊的熔滴过渡类型及影响因素 2. 管径 $\phi=76\sim168mm$ 低碳钢管或低合金钢管的对接二氧化碳气体保护焊对接坡口的选择原则，坡口打磨、清理的技术要领以及管定位焊的知识 3. 管径 $\phi=76\sim168mm$ 低碳钢管或低合金钢管的对接水平固定和垂直固定的二氧化碳气体保护焊焊接参数选择原则 4. 管径 $\phi=76\sim168mm$ 低碳钢管或低合金钢管的对接水平固定和垂直固定的焊枪操作要领 5. 管径 $\phi=76\sim168mm$ 低碳钢管或低合金钢管对接焊接应力与焊接变形的影响因素及预防措施 6. 管径 $\phi=76\sim168mm$ 低碳钢管或低合金钢管水平固定和垂直固定的焊缝外观检查的知识
	（三）低碳钢板或低合金钢板气电立焊	1. 能选择符合低碳钢板气电立焊要求的焊丝 2. 能根据图样制备低碳钢板气电立焊的坡口、焊件清理、组对及定位 3. 能根据焊接工艺文件选择焊接参数 4. 能进行气电立焊设备及工艺设备的安装 5. 能进行气电立焊的引弧、焊接和收弧 6. 能根据工艺文件对低碳钢气电立焊焊缝外观质量进行自检	1. 气电立焊的基本知识 2. 低碳钢板或低合金钢板气电立焊坡口的选择原则，坡口打磨、清理的技术要领以及定位焊的知识 3. 低碳钢板或低合金钢板气电立焊的设备组成及应用 4. 低碳钢板或低合金钢板气电立焊焊接材料的知识 5. 低碳钢板或低合金钢板气电立焊焊接的工艺要领 6. 低碳钢板或低合金钢板气电立焊的基本操作要领 7. 低碳钢板或低合金钢板气电立焊焊缝外观质量检查的知识